MONSTER MASCHINEN

Die größten Bagger, Kräne, Traktoren und Lastwagen

Von Caroline Young und Harriet Castor

Illustriert von Chris Lyon, Teri Gower und Sean Wilkinson

Bassermann

Impressum

Der Text dieses Buches entspricht den Regeln der neuen deutschen Rechtschreibung.

ISBN 3-8094-1835-8

Originaltitel: Usborne Big Machines: Diggers and Cranes, Tractors, Trucks

Umschlaggestaltung: Atelier Versen, Bad Aibling
Illustrationen: Chris Lyon, Teri Gower und Sean Wilkinson
Gestaltung: Steve Page und Robert Walster
Übersetzung: SAW Communications, Mainz: Marc Niemeyer
Redaktion: SAW Communications, Mainz: Dr. Sabine A. Werner

Satz: SAW Communications, Mainz, mit INKA satz & grafik, Rudersberg
Druck: Sachsendruck, Plauen

Printed in Germany

817 2635 4453 6271

Inhaltsverzeichnis

Planierraupen

Planierraupen bereiten den Boden für Bauvorhaben vor. Sie schieben Erde, Steine und Baumstümpfe mit einem riesigen Metallschild aus dem Weg. Das nennt man Planieren.

Raupenketten

Raupenketten

Raupenketten sorgen dafür, dass die Planierraupe auch steile Anstiege bewältigt.

Sie befördern sie auch problemlos über Unebenheiten.

Und sie sorgen dafür, dass die Planierraupe in weichem Boden nicht einsinkt.

Hier drin sitzt der Fahrer. Man nennt es das Führerhaus.

Diese Planierraupe hat einen starken Motor. Sie kann Dinge wegschieben, die schwerer sind als sie selbst.

Das Führerhaus hat einen Rahmen aus Metallstreben. Sie schützen den Fahrer, falls die Planierraupe umkippen sollte.

In sehr warmen Ländern haben die Fenster der Führerhäuser keine Scheiben, damit es dem Fahrer nicht so heiß wird.

Feuerlöscher

Dieses Werkzeug nennt man Reißdorn. Die Planierraupe kann es hinter sich herziehen, um harten, steinigen Boden aufzureißen.

Über die Räder der Planierraupe sind Raupenketten aus Metall gespannt.

Dieser Metallarm schiebt den Planierschild hoch. So kann damit Erde aufgehäuft werden.

Doppel-Planierraupe

Eine Doppel-Planierraupe kann mit ihrem riesigen Schild in derselben Zeit eine doppelt so große Fläche bearbeiten wie eine normale Planierraupe.

Schaufelbagger

Maschinen zum Graben nennt man Bagger. Es gibt davon viele unterschiedliche Sorten. Bagger eignen sich für verschiedene Aufgaben. Unten auf den Seiten kannst du sie bei der Arbeit sehen.

Dies ist ein Schaufelbagger. Er gräbt den Boden mit einer metallenen Schaufel auf.

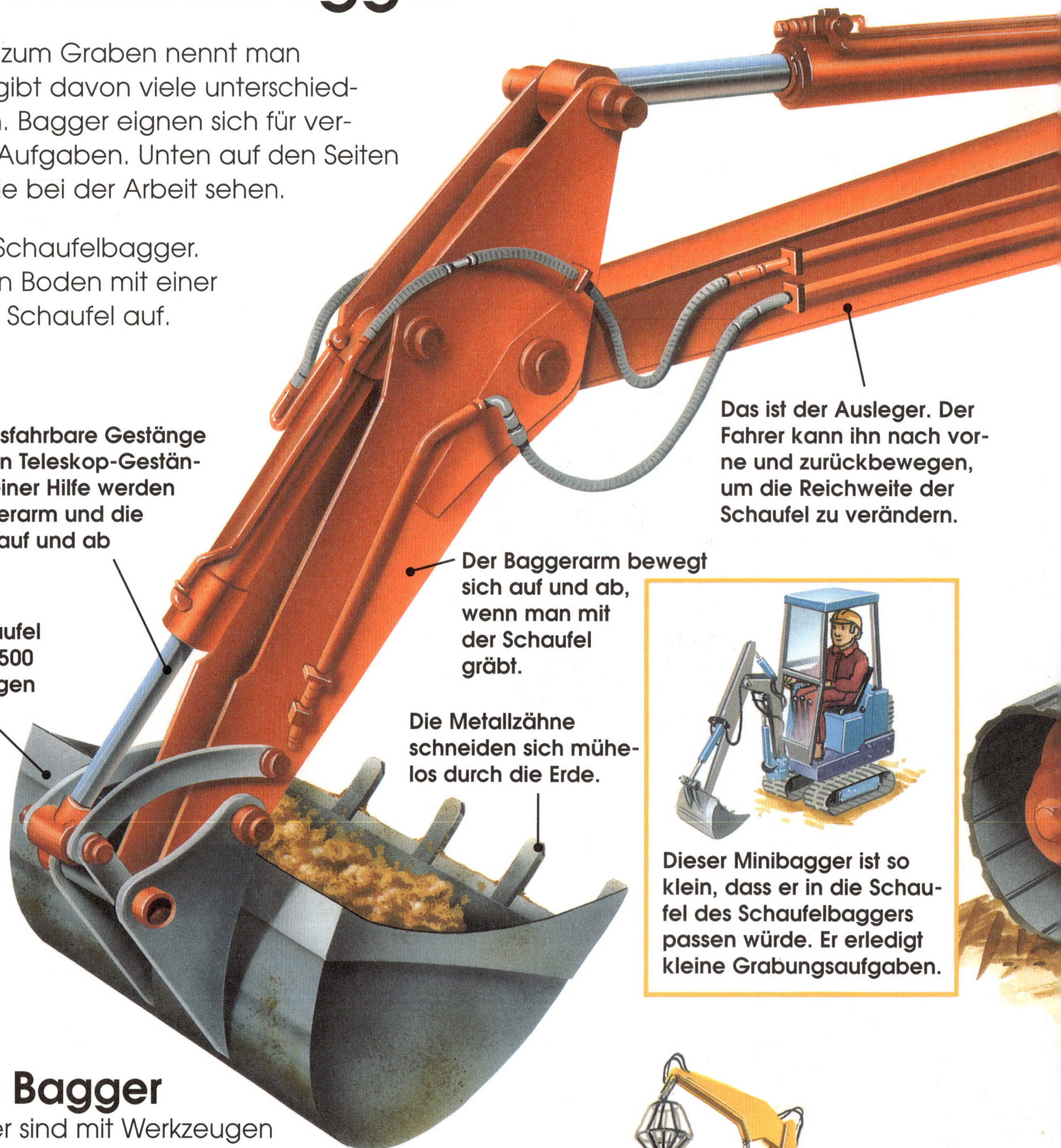

Das ist der Ausleger. Der Fahrer kann ihn nach vorne und zurückbewegen, um die Reichweite der Schaufel zu verändern.

Dieses ausfahrbare Gestänge nennt man Teleskop-Gestänge. Mit seiner Hilfe werden der Baggerarm und die Schaufel auf und ab bewegt.

Der Baggerarm bewegt sich auf und ab, wenn man mit der Schaufel gräbt.

In diese Schaufel passen über 500 Spatenladungen Erde.

Die Metallzähne schneiden sich mühelos durch die Erde.

Dieser Minibagger ist so klein, dass er in die Schaufel des Schaufelbaggers passen würde. Er erledigt kleine Grabungsaufgaben.

Andere Bagger

Diese Bagger sind mit Werkzeugen ausgestattet, mit denen man viele verschiedene Aufgaben erledigen kann.

In seiner Ladeschaufel kann dieser Bagger Erde transportieren.

Klauen ermöglichen dem Bagger das Anheben von Röhren oder Baumstämmen.

Der Metallgreifer dieses Baggers kann mühelos verschiedene lose Dinge anpacken.

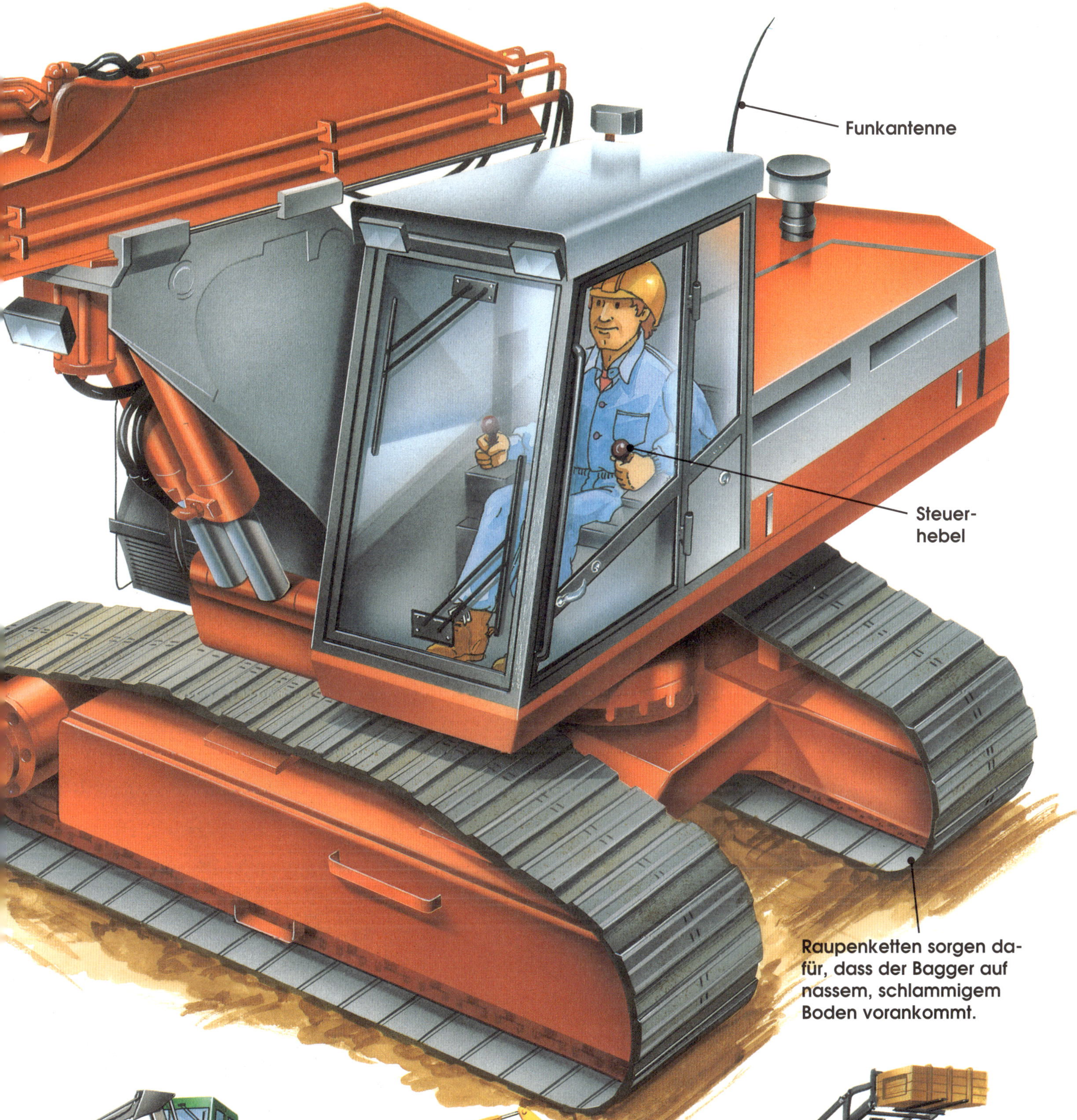

Einige Bagger haben solche Bohrvorrichtungen. Man nennt sie Stangenbohrer.

Die geteilte Schaufel dieses Baggers funktioniert wie ein Gebiss: Die Zähne graben sich in die Erde.

Solche Metallgabeln kann man unter Gegenstände schieben, um sie damit hochzuheben.

Schaufellader

Mit diesem Bagger kann man auf unterschiedliche Arten graben: Man kann mit seiner Grabschaufel Gruben und Gräben ausheben oder mit seiner Ladeschaufel Erde aufnehmen und transportieren. Er wird Schaufellader genannt.

Hoch und tief

Die Grabschaufel kann hoch ausgestreckt werden, um zum Beispiel an einem Hang zu graben.

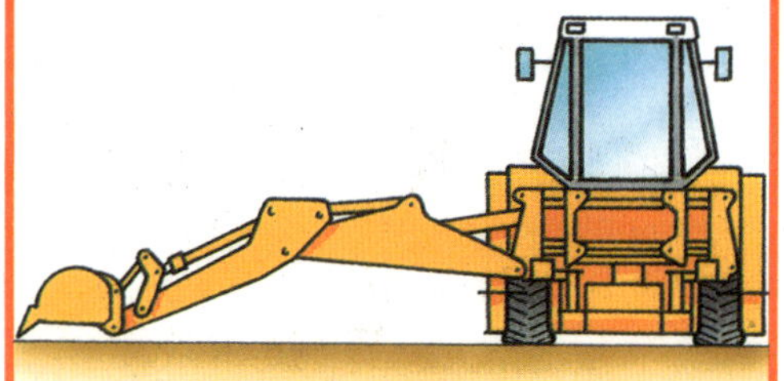

Sie kann zur Seite geschwenkt und dort eingesetzt werden.

Man kann mit ihr auch tief nach unten greifen und Erde aus einem Graben heraufholen.

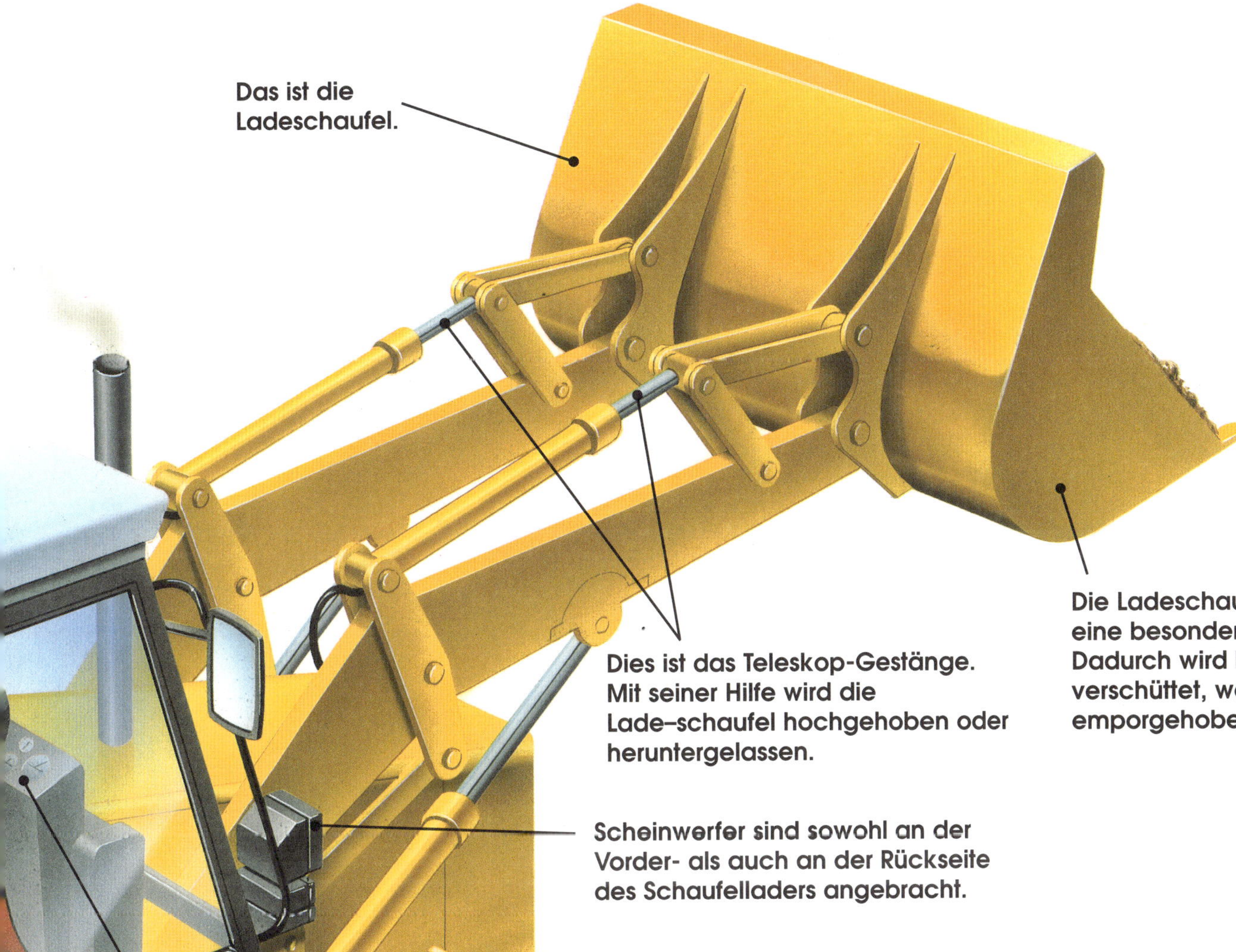

Dampfgetriebene Bagger

Der erste Bagger wurde von Dampfmaschinen angetrieben. Dieser wurde um das Jahr 1890 in Steinbrüchen und auf Baustellen eingesetzt. Sein Baggerarm wurde mithilfe von Stahlseilen bewegt.

Fahrzeugkräne

Diese Kräne können auf Rädern oder Raupenketten herumfahren. Sie werden Autokräne oder Raupenkräne genannt. Sie können schnell von Einsatzort zu Einsatzort gelangen.

Fertig zum Heben

Der Autokran erreicht den Einsatzort mit ineinander geschobenem Ausleger.

Abstützträger genannte Metallbeine heben den Kran vom Boden.

Der Ausleger wird angehoben und gleitet auseinander, um eine Last zu heben.

Autokran

Autokräne befinden sich auf dem Fahrgestell eines Lastwagens.

Der Kran hebt Lasten mit diesem Stahlhaken.

Im Führerhaus

So sieht das Führerhaus eines Krans innen aus. Der Kranführer benutzt Hebel, um den Kran zu steuern.

Anzeigen auf dem Armaturenbrett zeigen dem Kranführer, wie schwer die Last ist.

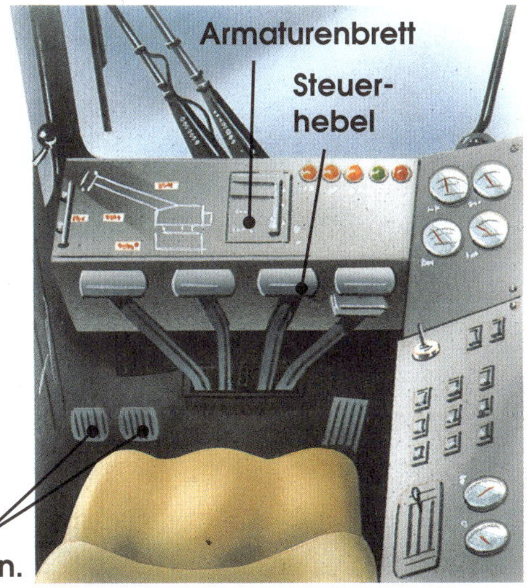

Pedale, um den Ausleger anzuheben oder abzusenken.

Raupenkran

Raupenkräne haben Ketten wie Planierraupen. Sie können sich fortbewegen, während sie Lasten tragen.

Dieser Ausleger kann bis zur Spitze eines 20-stöckigen Gebäudes reichen.

Raupenkräne können nur auf ebenem Boden stehen. Unebenheiten können sie zum Umstürzen bringen.

Lastwagen-führerhaus

Ein Autokran kann ziemlich schnell fahren, wenn er auf dem Weg zu einem Einsatzort ist.

Turmkräne

Die größten Kräne, die es gibt, nennt man Turmkräne. Sie werden auf der Baustelle Stück für Stück zusammengebaut. Turmkräne kommen beim Bau sehr hoher Gebäude, wie z. B. Wolkenkratzer, zum Einsatz.

Katzausleger-Turmkran

Dies ist ein Katzausleger-Turmkran. Bei ihm gleitet eine so genannte Laufkatze an einem langen Ausleger genannten Arm vor und zurück. Die Last hängt an Stahlseilen an der Laufkatze.

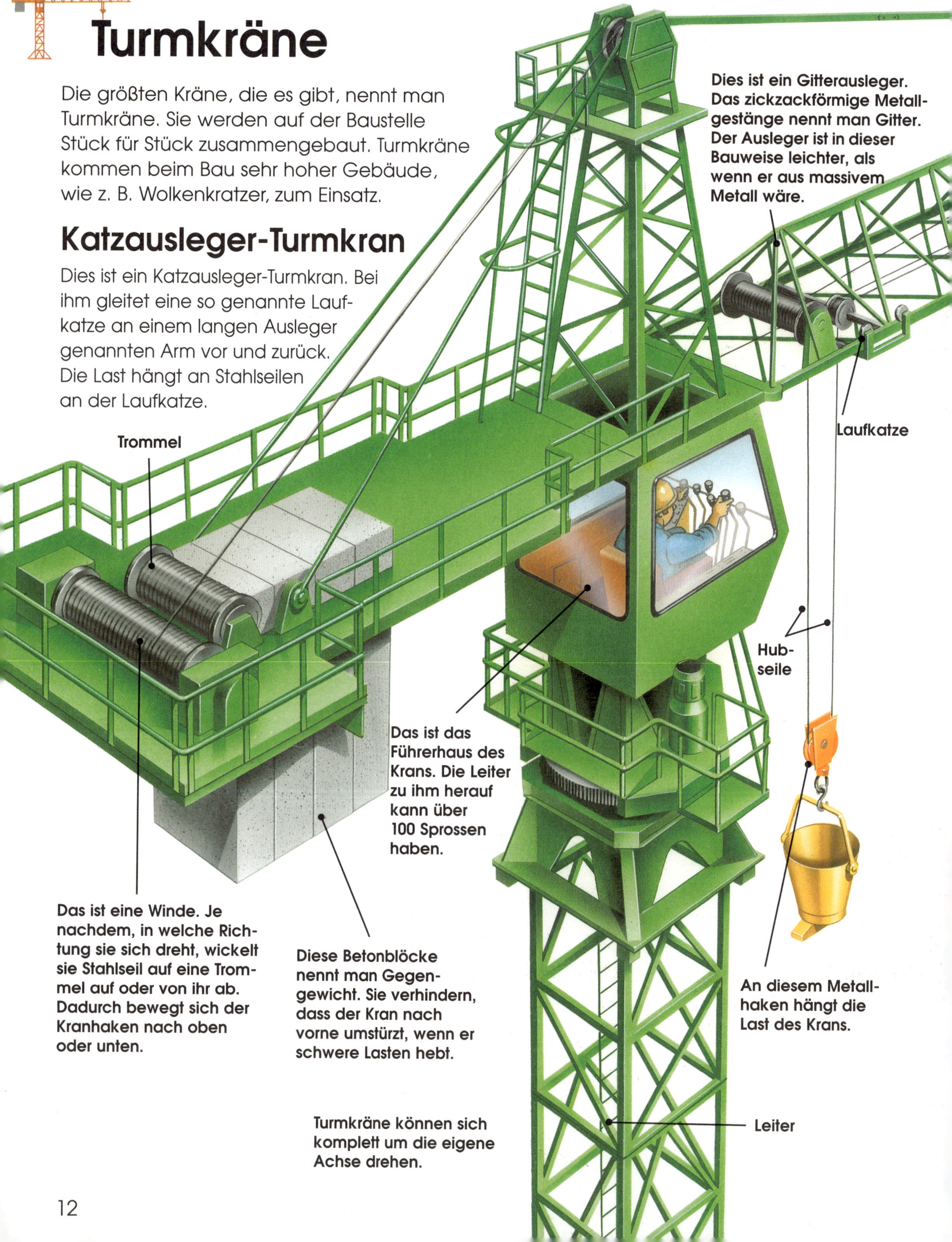

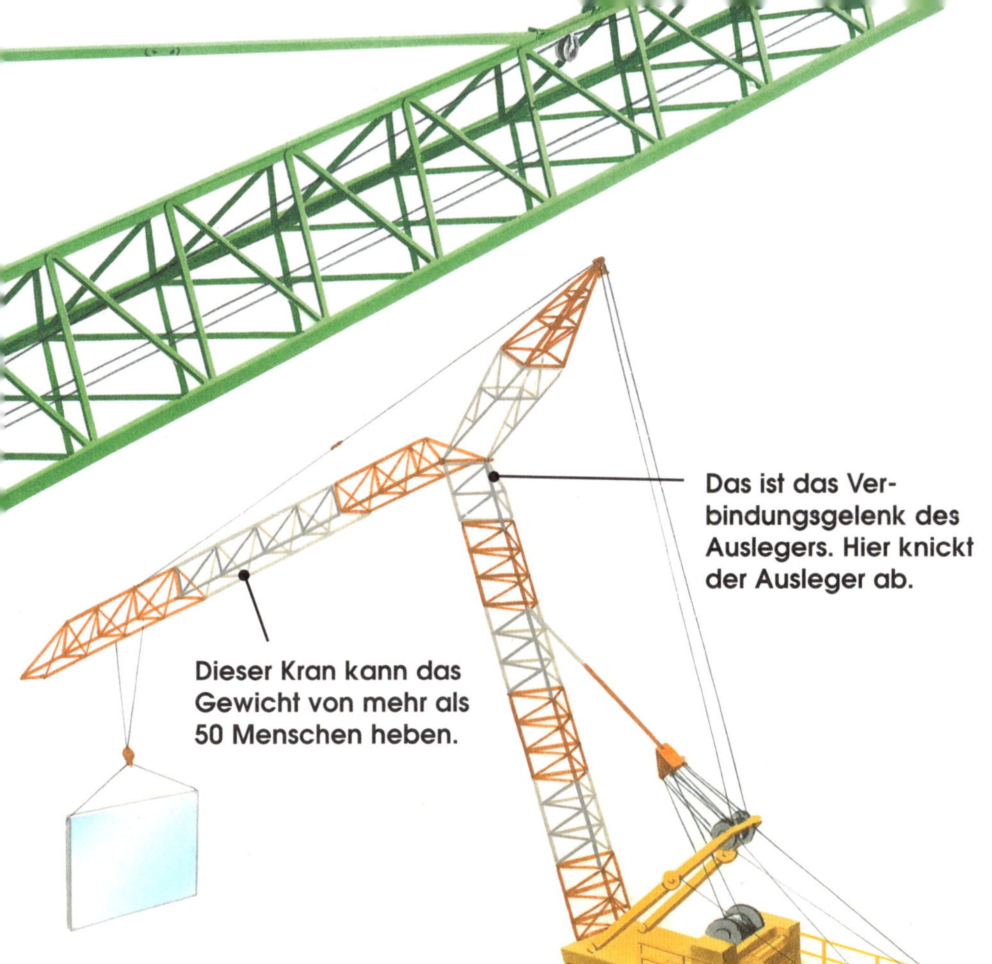

Knickauslegerkran

Diesen Kran nennt man Knickausleger-Turmkran. Sein Ausleger hat einen Knick in der Mitte. Er kann auf engerem Raum arbeiten als ein Kran mit geradem Ausleger.

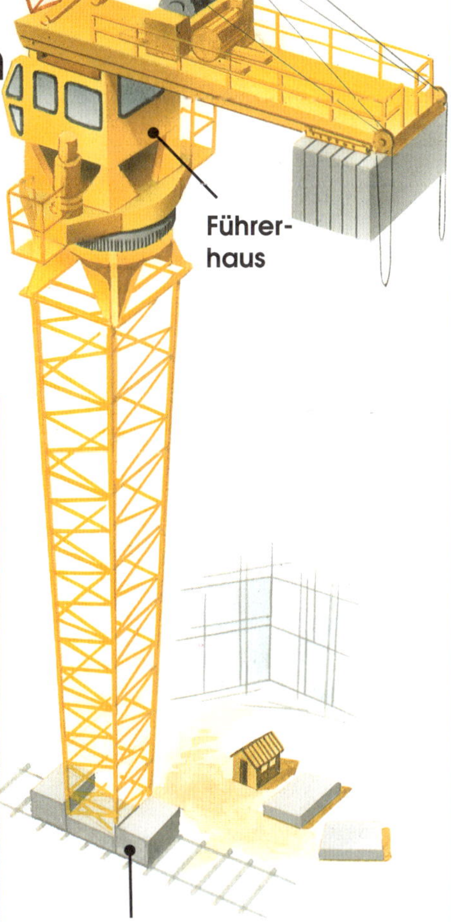

Die ersten Kräne

Die ersten Kräne wurden von den Römern gebaut. Sklaven mussten im Inneren des Krans in einem Laufrad rennen, das eine Seilwinde antrieb.

Stück für Stück

Lastwagen bringen die Teile eines Turmkrans zur Baustelle.

Ein Autokran hebt die Segmente des Kranturms an ihren Platz.

Am Boden verschrauben Bauarbeiter die Teile des Auslegers miteinander.

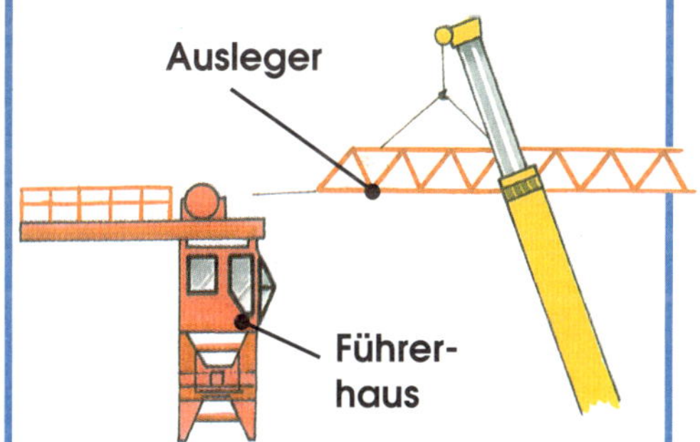

Führerhaus und Ausleger werden vom Autokran an ihren Platz gehoben.

Der Autokran hebt das Gegengewicht an seinen Platz. Der Kran ist jetzt einsatzbereit.

Straßenbaufahrzeuge

Um eine Straße zu bauen, werden viele Maschinen benötigt. Zuerst kommen solche zum Einsatz, die den Boden vorbereiten.

Schürfwagen

Das ist ein Schürfwagen. Er schürft die unebene oberste Schicht vom Boden ab.

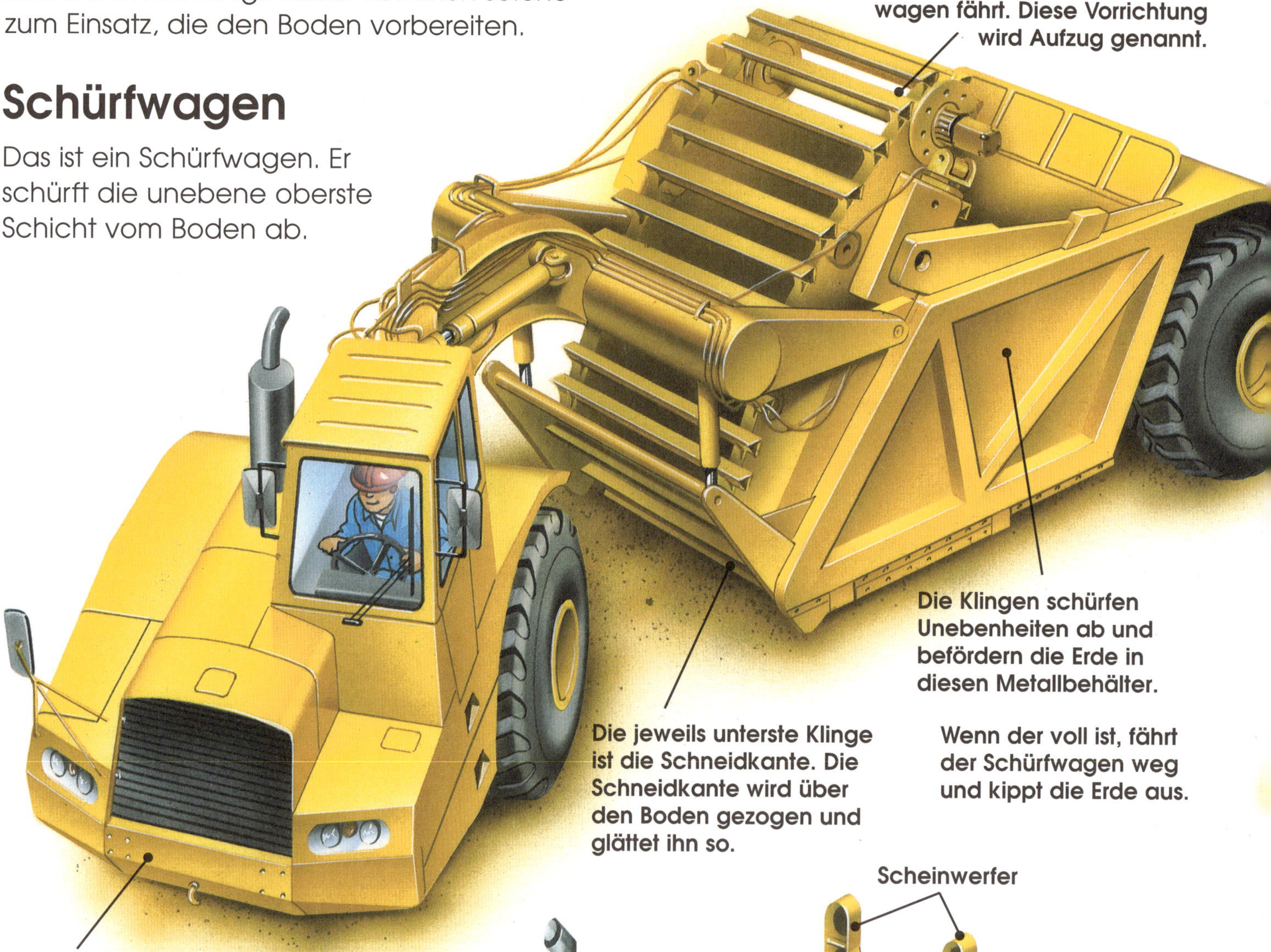

Kompaktor

Das ist ein Kompaktor. Er folgt dem Schürfwagen und presst die Erde mit schweren Metallrädern zusammen.

Kipper

Diesen Lastwagen nennt man Kipper. Hier kippt er kleine Steine aus.

Diese Kieselsteine bilden später die unterste Schicht der neuen Straße.

Wenn dieser Kipper gefüllt ist, wiegt er etwa so viel wie fünf Elefanten.

Der Kipper kann seine ganze Ladung in zwölf Sekunden auskippen.

Dies ist ein Gelenkkipper. Er kann sich durch ein Gelenk in der Mitte abwinkeln.

Die Ladefläche des Kippers wird nach hinten gekippt, um die Ladung auszuleeren.

Planiermaschine

Das ist eine Planiermaschine. Sie formt eine gleichmäßige Schicht kleiner Steine auf dem Boden. Dazu verwendet sie einen Metallschild.

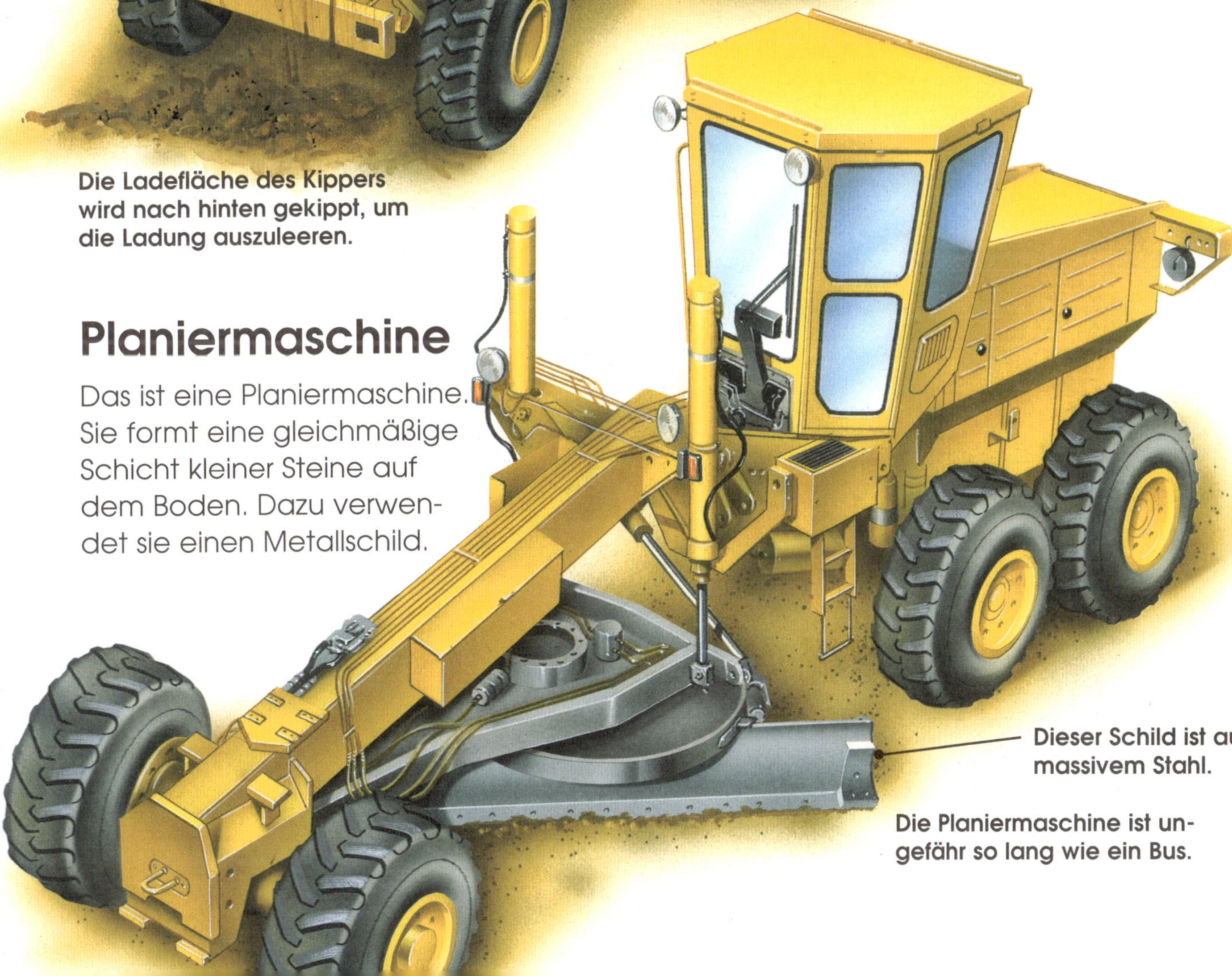

Dieser Schild ist aus massivem Stahl.

Die Planiermaschine ist ungefähr so lang wie ein Bus.

Straßenbaufahrzeuge

Ein Straßenfertiger breitet eine Mischung von heißem Teer und kleinen Steinen auf der Straße aus. Eine Walze sorgt dafür, dass der Belag eben wird.

Walze

Die Walze fährt langsam hinter dem Straßenfertiger her. Sie ebnet die Teer-Steine-Mischung mit ihren schweren Walzenrädern ein.

Sie fährt immer mehrmals über jeden Straßenabschnitt und bereitet ihn so für Autos und Lastwagen vor.

Dampfwalzen

Die ersten Walzen nannte man Dampfwalzen. Ihre Motoren wurden mit Dampfkraft betrieben. Diese Dampfwalze wurde 1847 gebaut. Sie fuhr sehr langsam.

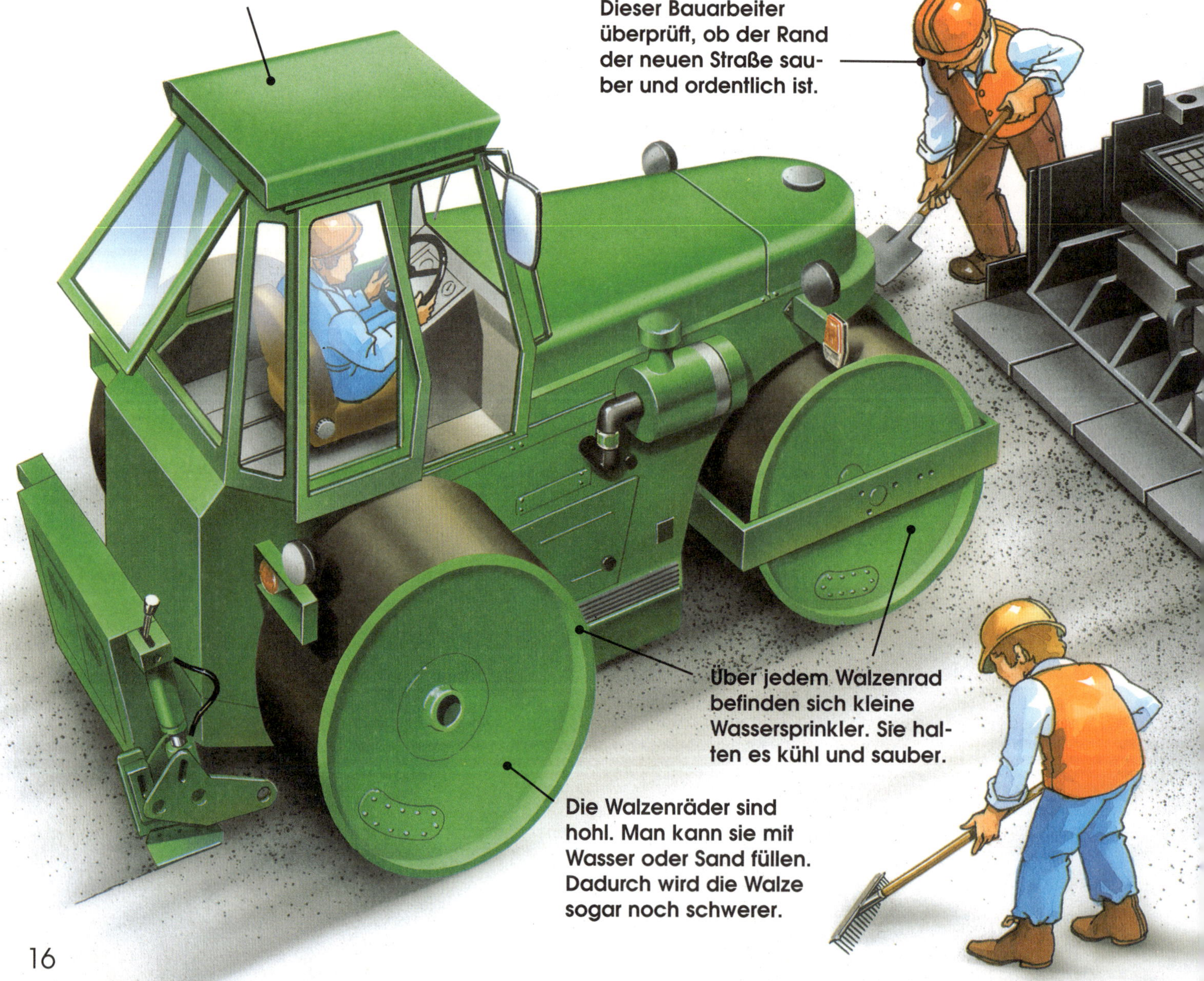

Straßenfertiger

Die Mischung aus Teer und kleinen Steinen nennt man Asphalt. Ein Straßenfertiger verteilt eine Lage heißen Asphalt auf der Straße. Wenn der Asphalt auskühlt, wird er hart.

Auffüllen

Ein Kipper schüttet Asphalt in den Kübel an der Vorderseite des Straßenfertigers.

Der Asphalt kommt beim Fahren an der Rückseite des Straßenfertigers wieder heraus.

Während der Arbeit kann Asphalt in den Straßenfertiger nachgefüllt werden.

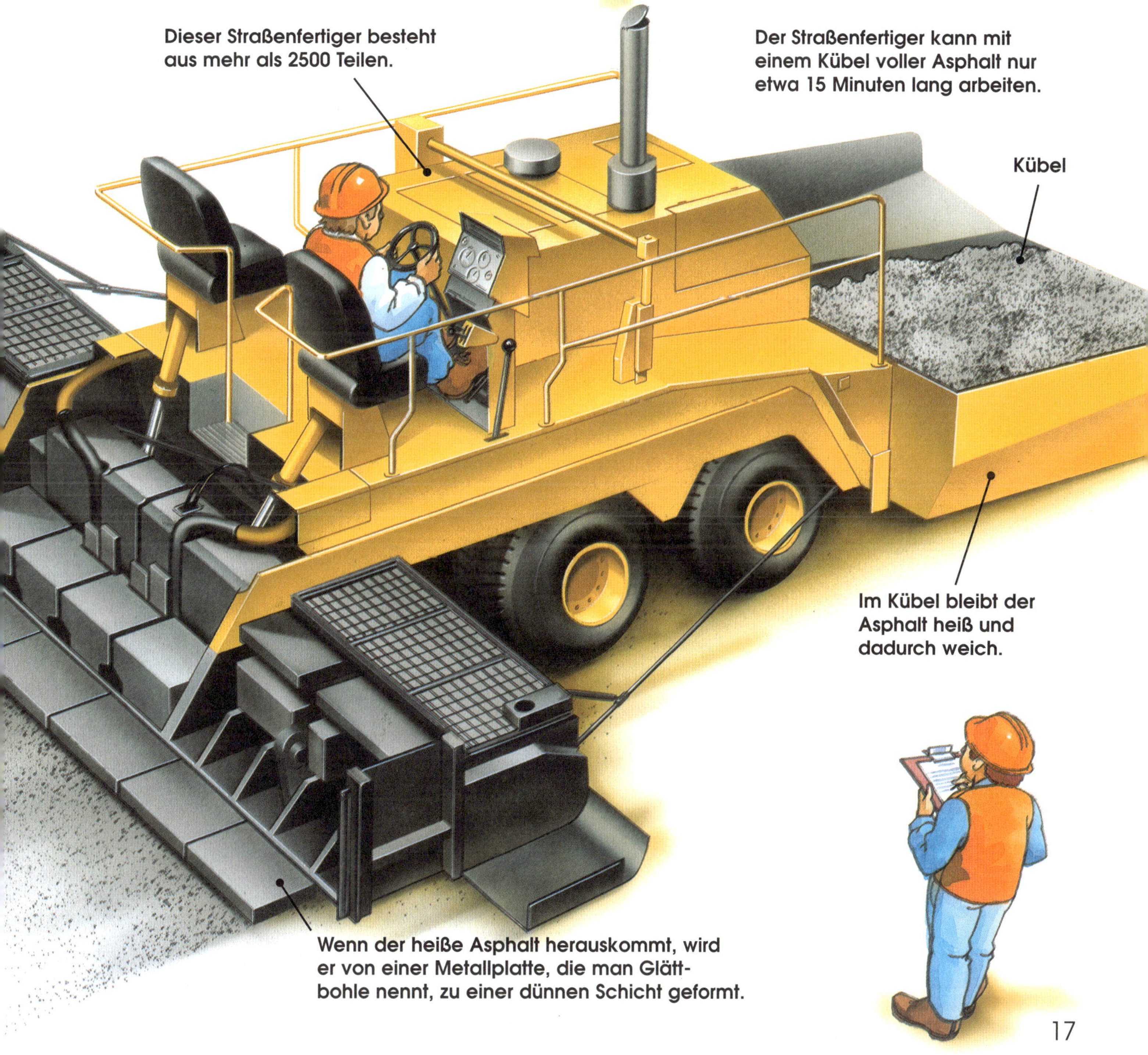

Im Hafen

In einem Hafen arbeiten viele verschiedene Kräne. Einige davon sind speziell dafür gebaut, Schiffe zu be- oder entladen. Mit anderen wird Fracht von einem Platz zum anderen bewegt.

Containerkräne

Eine Menge Fracht wird in Metallkisten, den Containern, transportiert. Containerkräne genannte Kräne können sie transportieren.

Das ist der Kranausleger.

Container

Der Kranführer sitzt im Führerhaus hoch über den Hafenanlagen.

Dieses Schiff hat kleine Kräne an Deck. Sie laden Fracht aus dem Schiff aus. Man nennt sie Derrickkräne.

Solche Kräne können pro Stunde ungefähr 16 Container abladen.

Der Kran lädt den Container auf einen Lastwagen.

Container abladen

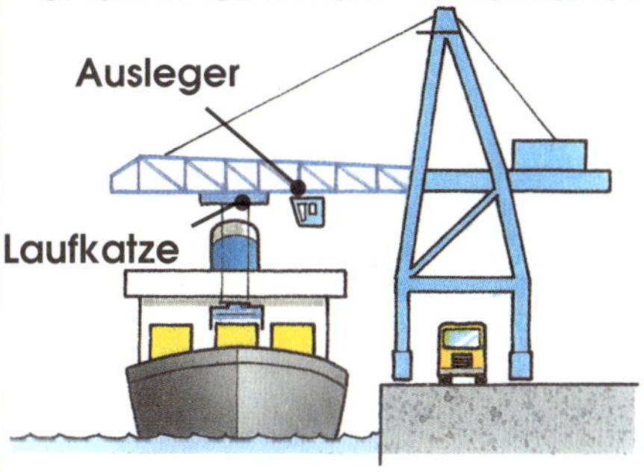

Der Kranausleger befindet sich über dem Schiff. Stahlseile mit Halterungen hängen von einer Laufkatze.

Die Halterungen sind wie große Klammern und greifen den Container. Dieser wird jetzt hochgezogen

Die Laufkatze gleitet am Ausleger zurück. Dann wird der Container auf einen LKW herabgelassen.

Portalhubwagen

Diesen Kran nennt man Portalhubwagen oder Straddle-Carrier. Er nimmt Container auf, fährt sie weg und stapelt sie an einer anderen Stelle aufeinander.

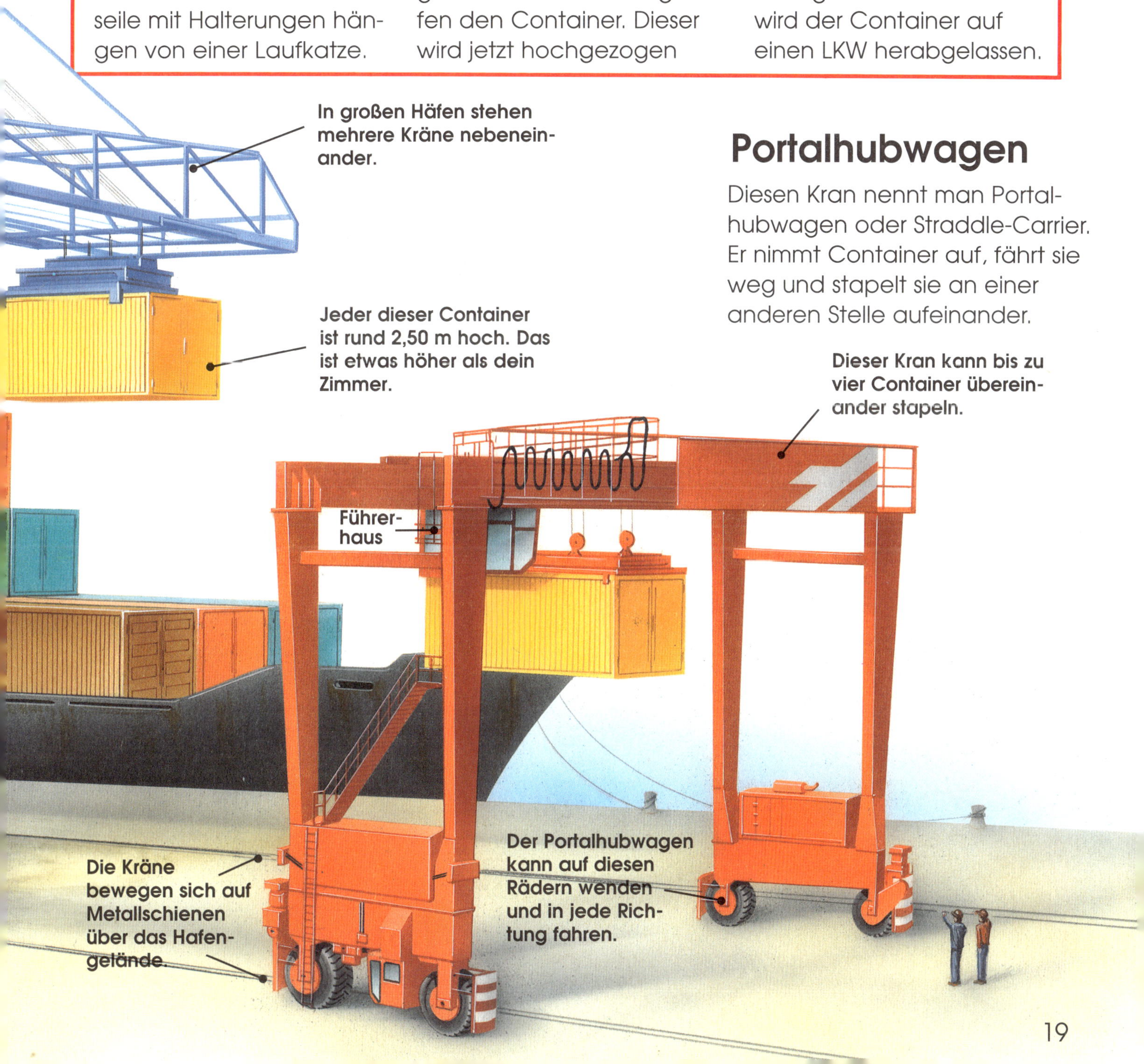

Baumaschinen

Große Gebäude sind sehr schwer. Der Untergrund muss stabil sein, um sie tragen zu können. Diese Maschinen bohren Löcher in den Boden und füllen sie mit Stahlstäben und Beton. Das verstärkt den Untergrund.

Bohrpfähle

Zuerst bohrt ein Kran mit einem Werkzeug, das man Stangenbohrer nennt, Löcher in den Boden.

Dann versenkt ein Autokran einen langen Stahlpfahl in jedem gebohrten Loch. Er setzt Bohrpfähle.

Eine Betonpumpe füllt die Löcher mit Beton. Nun ist der Untergrund stabil genug, um darauf zu bauen.

Betonmischer

Die hohle Trommel auf einem Betonmischer kann sich drehen. Im Inneren sind Metallflügel, die den Beton mischen.

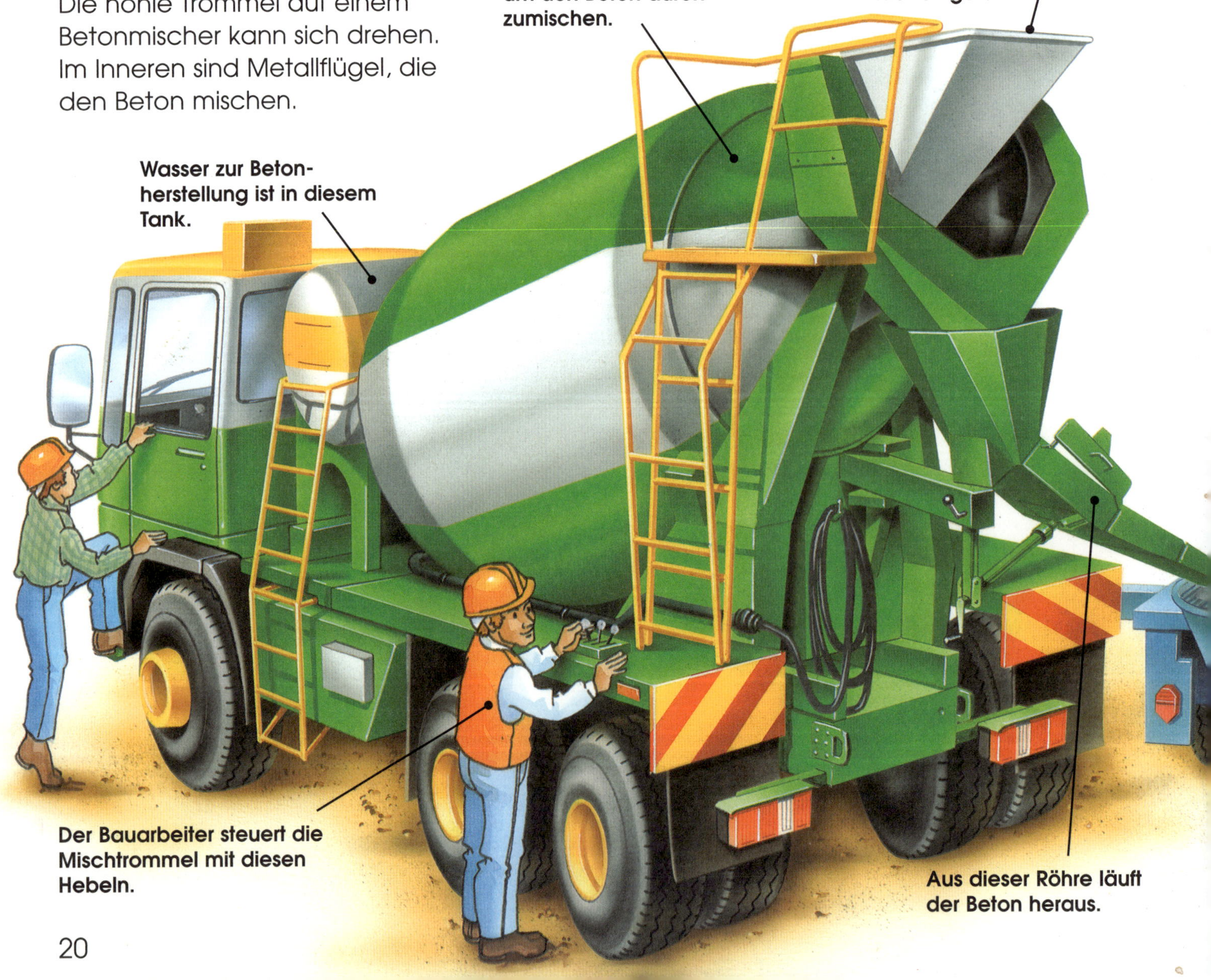

Zementmischer

Das ist ein kleiner Zementmischer. Man braucht ihn für weniger große Bauvorhaben.

Betonpumpe

Ein Betonmischer füllt diese Maschine mit Beton. Sie pumpt ihn dann durch ein langes Rohr heraus.

Bohrkran

Dieser Kran bohrt mit einem Stangenbohrer Löcher in den Boden. Durch ständiges Drehen frisst sich der Bohrer in den Boden.

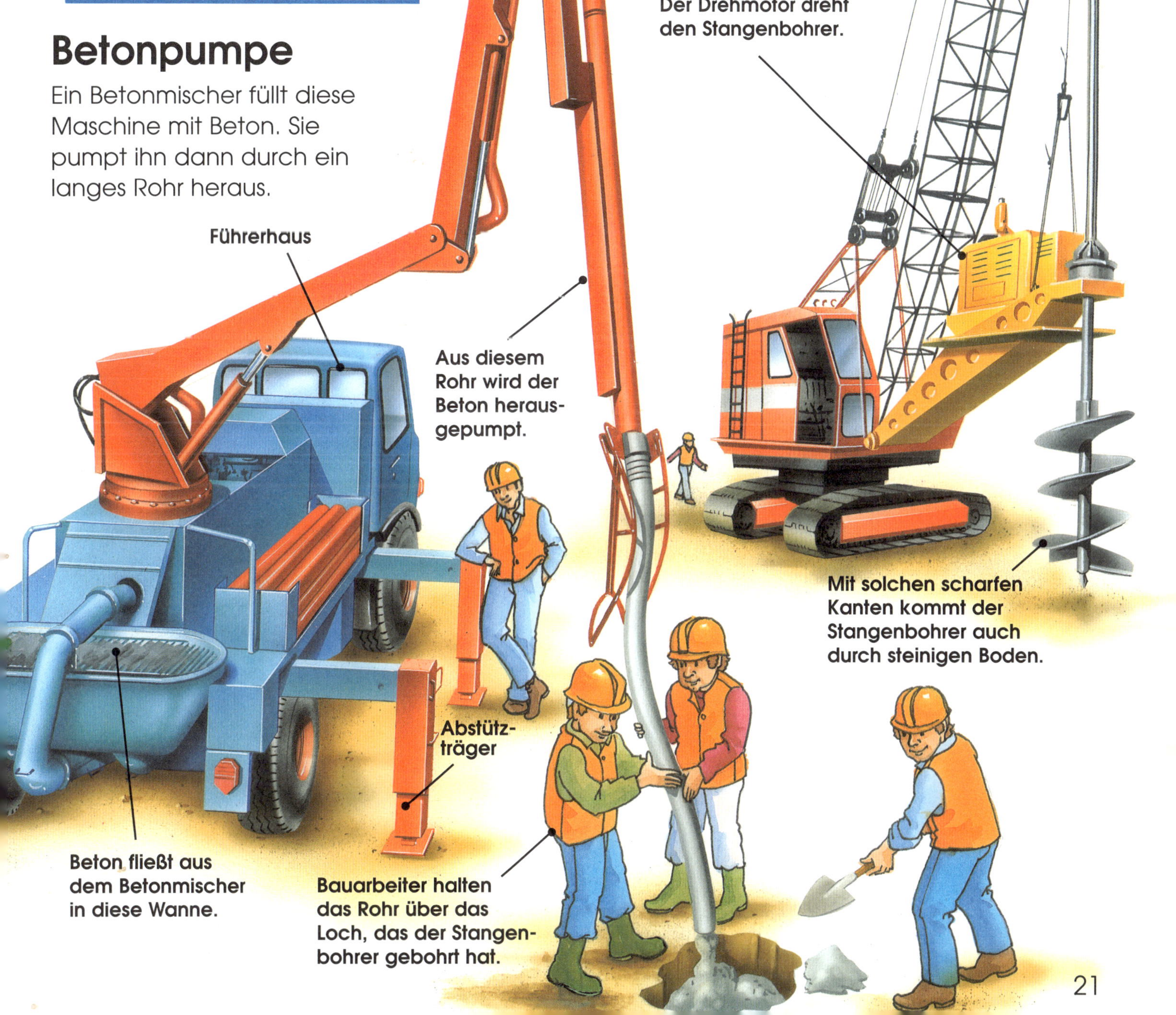

Bergbaumaschinen

Dies sind einige der Grabungsmaschinen, die im Bergbau eingesetzt werden. Sie graben Bodenschätze, wie Kohle, Kupfer oder Gold, aus. Manche arbeiten auf der Oberfläche, das nennt man Tagebau, andere unterirdisch im Untertagebau.

Schaufelradbagger

Manchmal liegt Kohle direkt unter der Erdoberfläche. Diese riesige Maschine gräbt sie aus. Man nennt sie Schaufelradbagger.

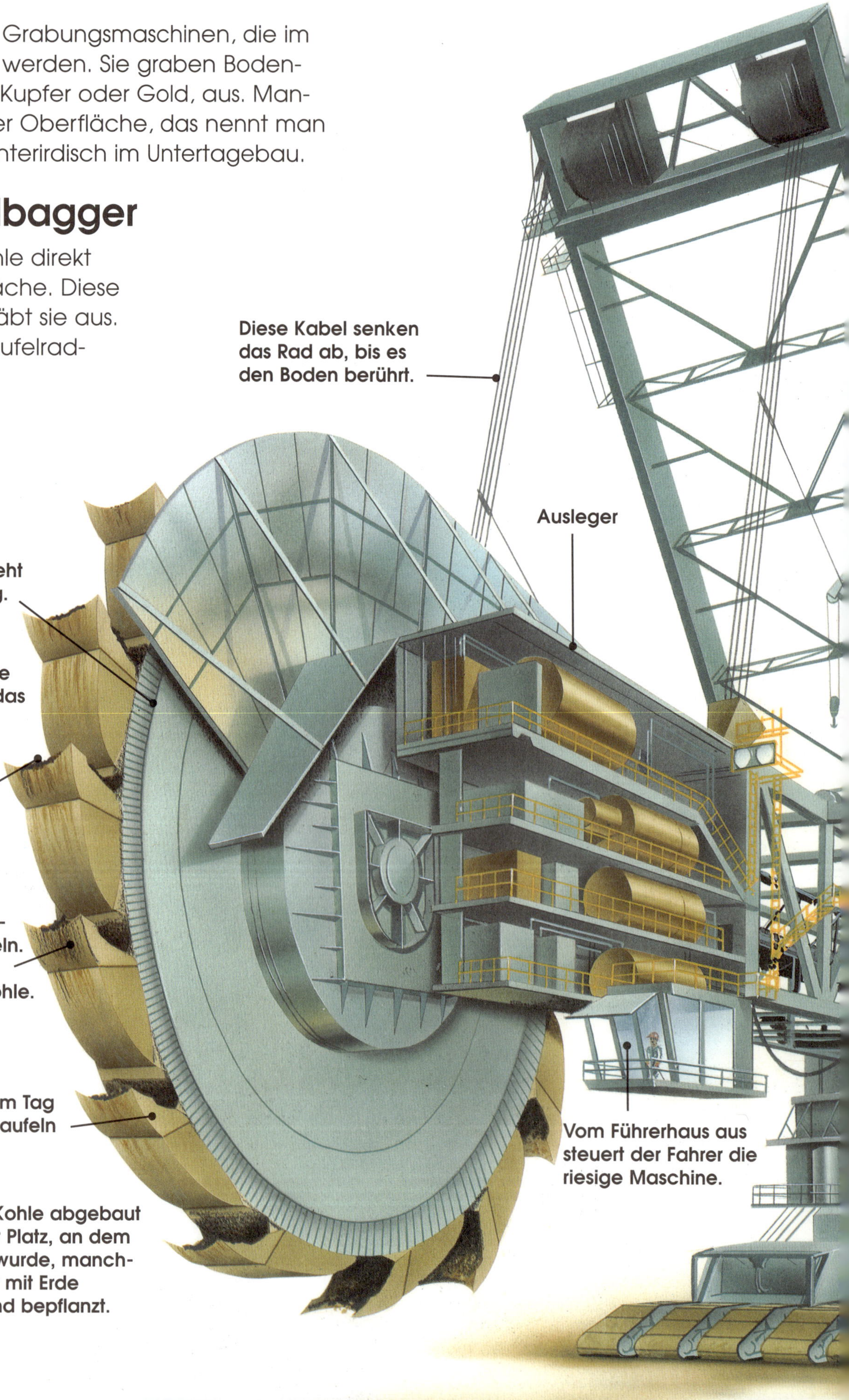

Untertagebau

Bodenschätze wie Kohle oder Gold findet man häufig tief in der Erde. Solche Maschinen graben sie dort aus.

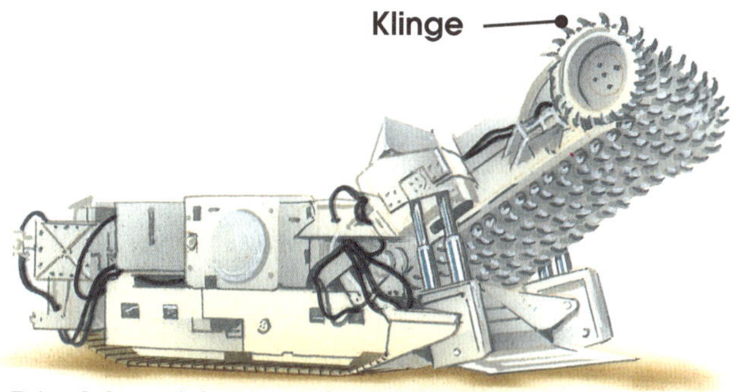

Die Maschinen schneiden mit scharfen Klingen die Kohle von den Wänden der Minen. Dies ist ein Continuous Miner.

Für manche Minen ist der Kohlenhobel durch seine spezielle Anordnung der Klingen besonders gut geeignet.

Bagger und Bohrer

In Steinbrüchen werden große und kleinere Steine für Bauvorhaben aus dem Fels gebrochen. Dazu braucht man solche starken Maschinen.

Schürfkübelbagger

Diese Maschine nennt man Schürfkübelbagger. Er kann mit seiner großen Stahlschaufel, dem Kübel, viel mehr Material aufnehmen als normale Bagger.

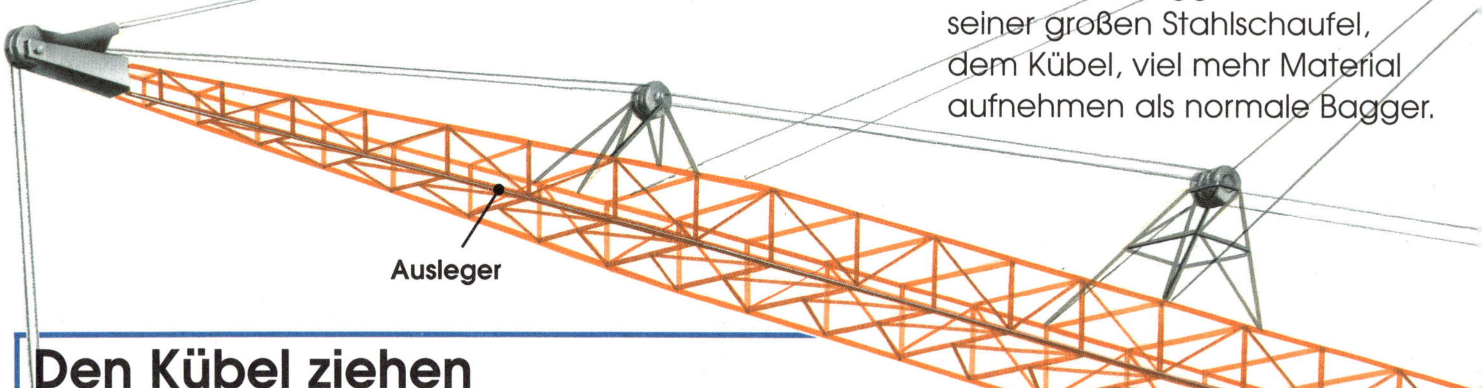

Den Kübel ziehen

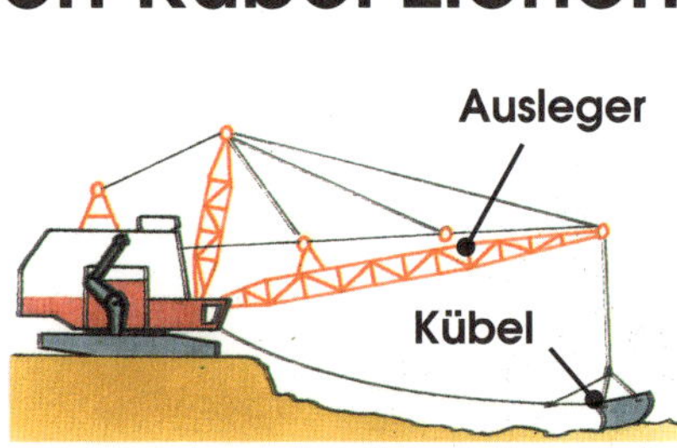

Der Bagger hat einen Kübel am Ende des Auslegers. Er senkt ihn vor sich auf den Boden ab.

Mit Rückholseile genannten Kabeln zieht der Bagger den Kübel zu sich heran. Dabei füllt er sich mit Erde und Steinen.

Wenn der Kübel voll ist, wird er ausgeleert. Dann wird er mit den Rückholseilen ans Ende des Auslegers geholt.

Löffelhochbagger

Diese Maschine heißt Löffelhochbagger. Mit ihrer Hilfe kann man kann in massive Felswände graben.

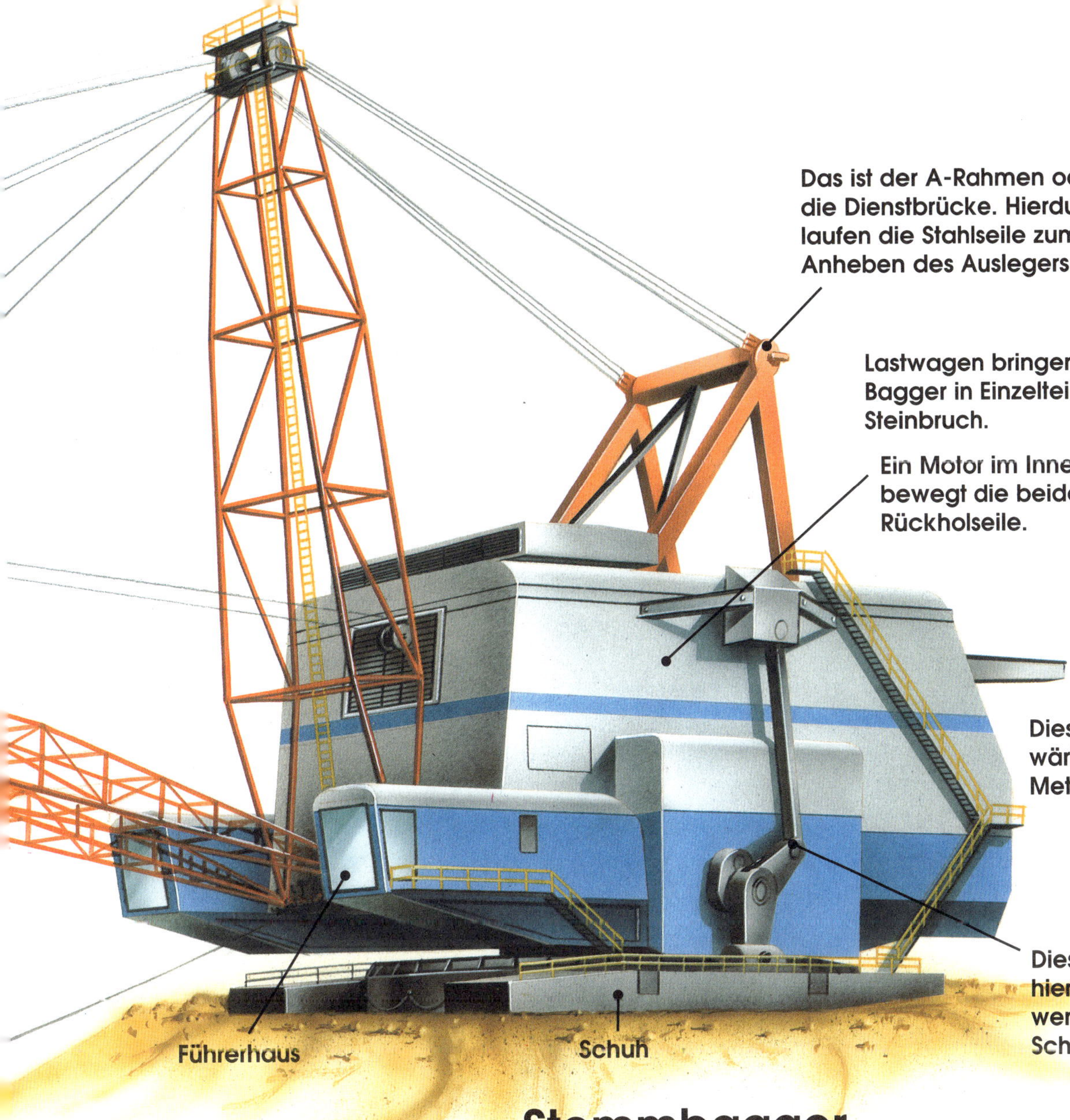

Stemmbagger

Dies ist ein Stemmbagger. Er bohrt in massiven Fels, bis dieser in kleinere Stücke zerbricht.

Schwimmbagger und -kräne

Die Maschinen, die du hier sehen kannst, arbeiten auf dem Meer oder auf Flüssen. Sie sind auf Schiffsrümpfe gebaut.

Riesenkran

Dies ist ein riesiger schwimmender Kran. Er fährt zu seinen Einsätzen aufs Meer. Auf ihm leben und arbeiten etwa 350 Personen.

An Bord des Schwimmkrans gibt es ein Kino, eine Kantine und eine Krankenstation.

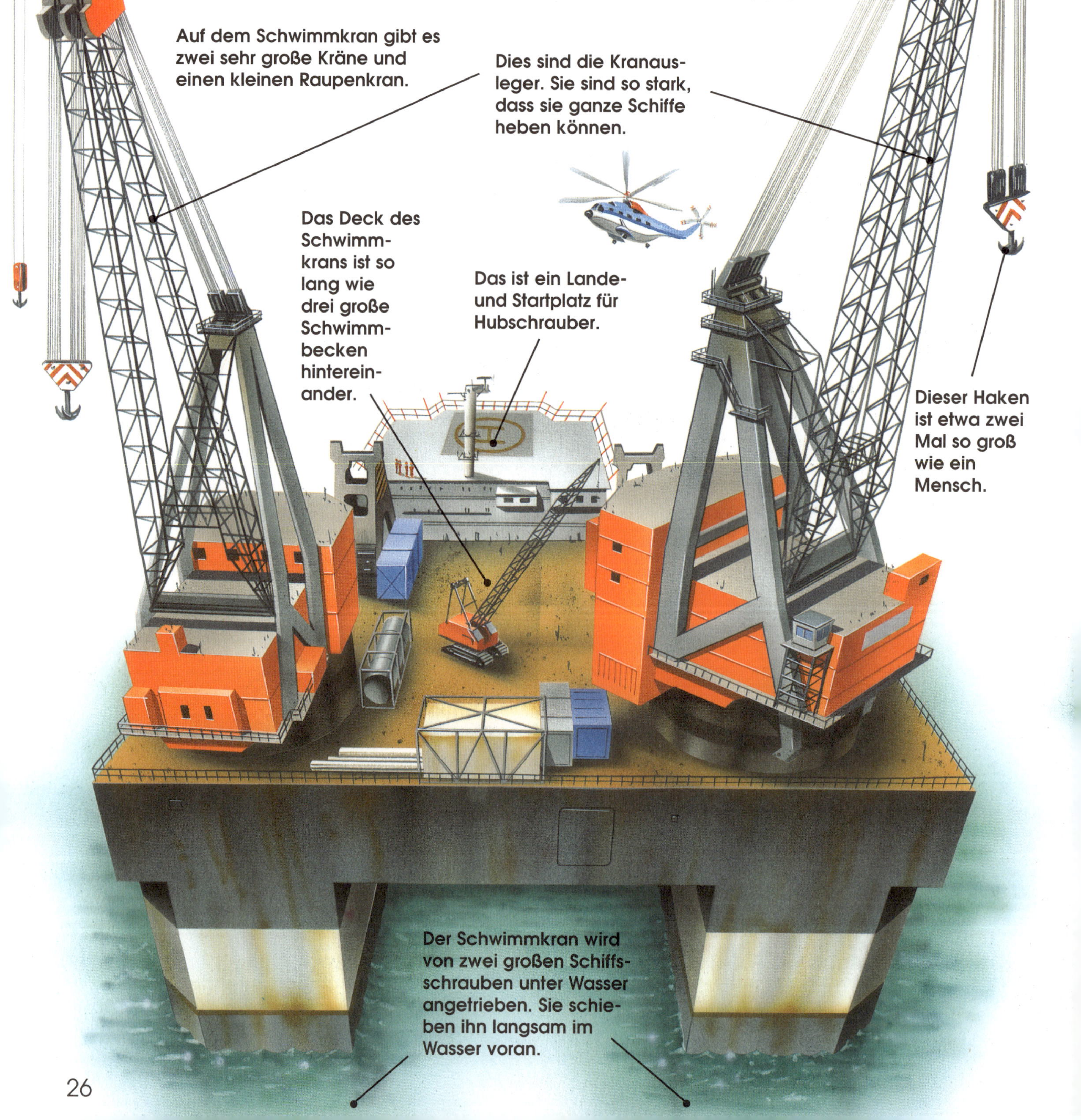

Schwimmbagger

Schwimmbagger schaufeln Schlamm und Sand vom Meeresboden oder aus Flussbetten hoch. Dies ist ein Schaufel-Schwimmbagger. Mit einer umlaufenden Kette von Schaufeln bringt er de Schlamm nach oben. Die Leiter genannte Kette bewegt sich ständig wie eine Rolltreppe.

So arbeitet ein Schwimmbagger:

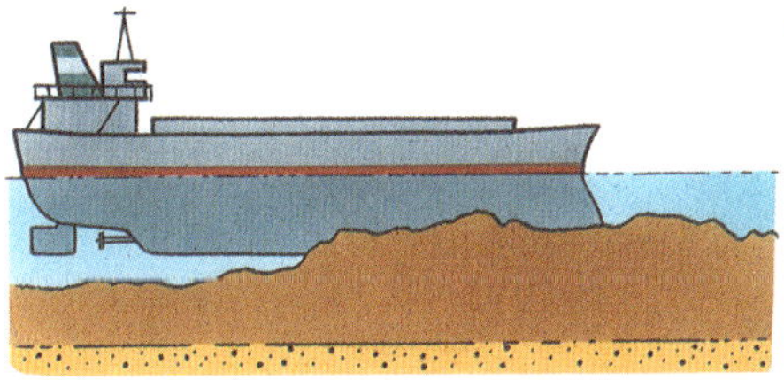

Im angesammelten Meer- oder Flussschlamm können Schiffe stecken bleiben.

Schwimmbagger schaufeln den Schlamm vom Grund und laden ihn in Lastkähne.

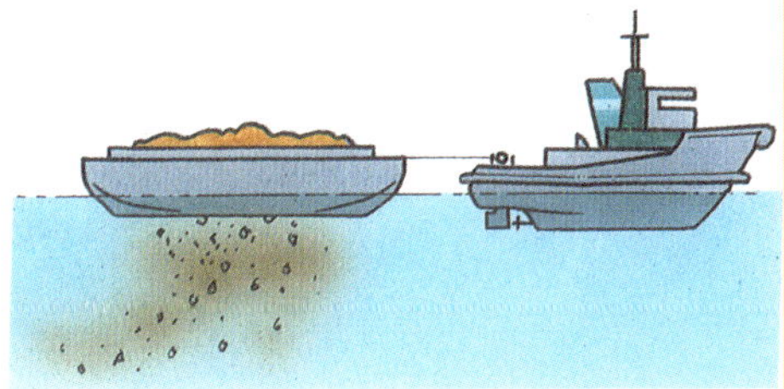

Die Lastkähne transportieren ihn in tiefes Wasser und versenken den Schlamm dort.

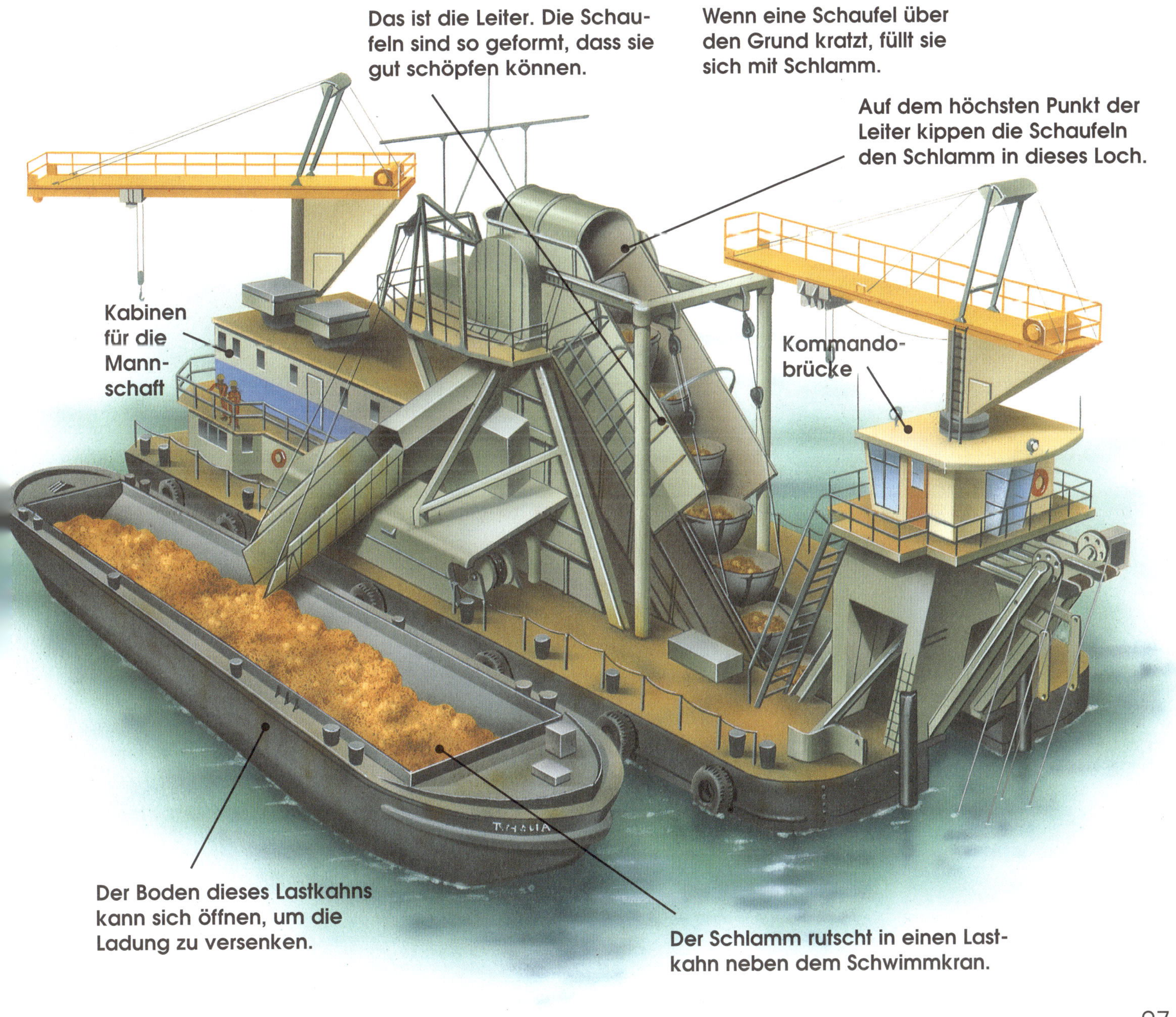

Tunnelbohrer

Tunnelmaschinen müssen im Stande sein, sich durch Erde, Schlamm und sogar massives Gestein zu bohren. Die größten derartigen Maschinen werden Tunnelbohrmaschinen oder kurz TBM genannt.

Frühe Tunnel

Das ist eine der ersten Tunnelmaschinen. Mit ihr wurden vor über 170 Jahren die U-Bahn-Tunnel in London gegraben. Bauarbeiter gruben sich mit Schaufeln durch die Erde, während die Maschine sich vorwärts bewegte.

Eine TBM

Tunnelbohrmaschinen wie diese haben den Tunnel unter dem Ärmelkanal zwischen England und Frankreich gebohrt. Hier kannst du sehen, wie die Teile im Inneren einer TBM aussehen.

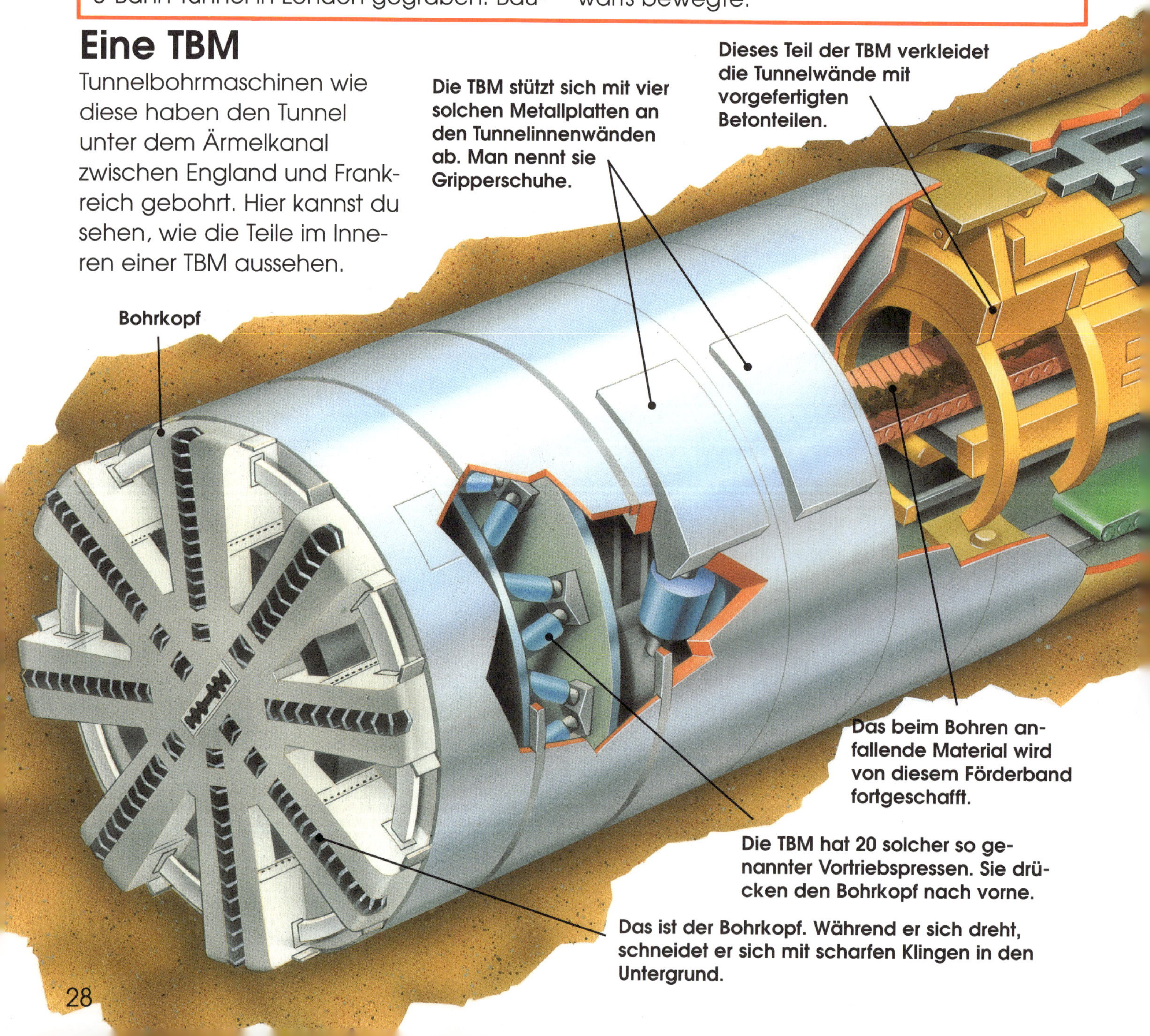

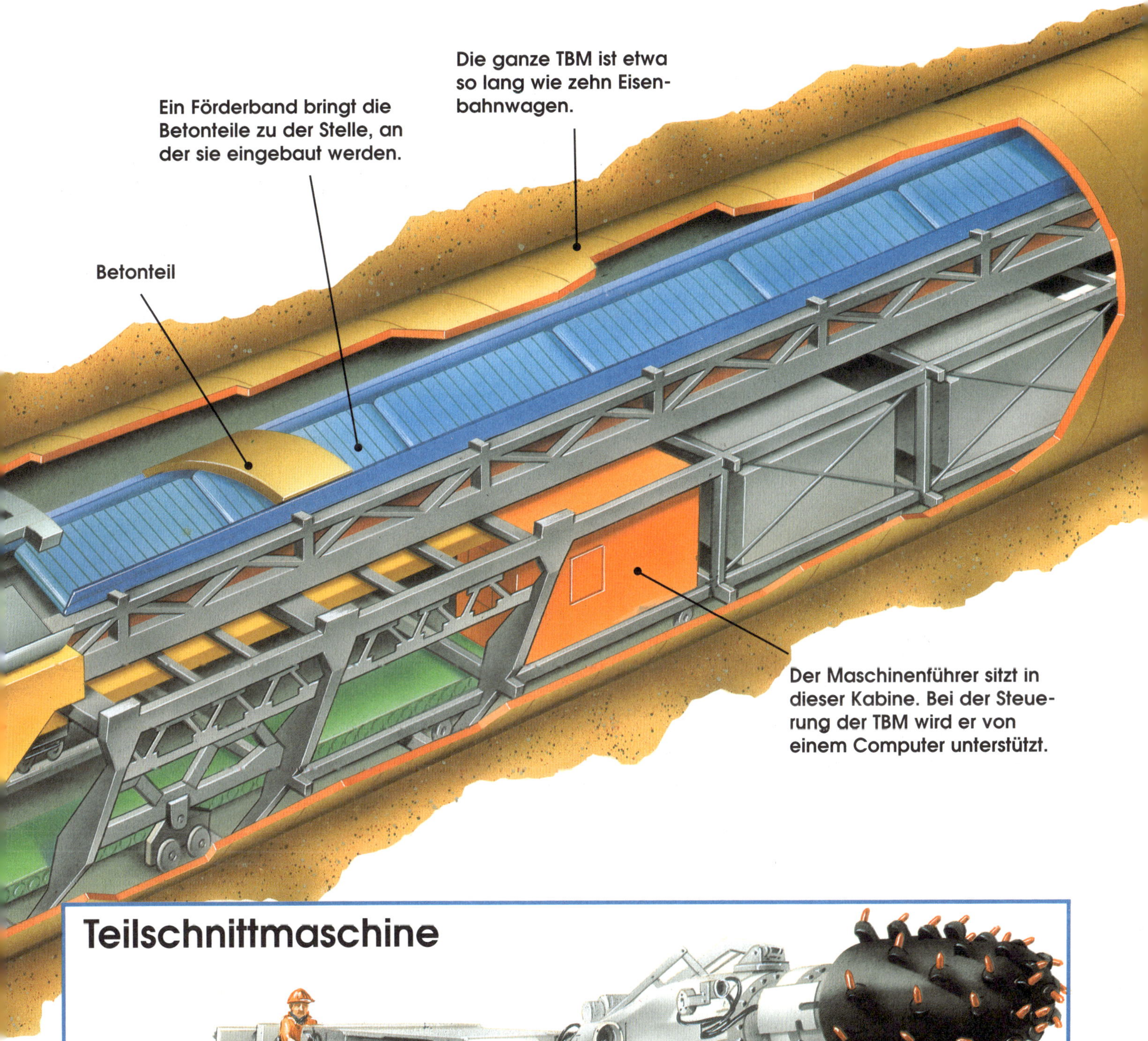

Teilschnittmaschine

Diese Maschine gräbt in Minen Tunnel, die man Strecken nennt. Sie wird Teilschnittmaschine genannt. Sie hat einen spitzen Bohrkopf mit scharfen Zacken, die sich durch Felsen schneiden.

Bagger und Kräne im Überblick

Auf den nächsten vier Seiten findest du die wichtigsten Daten vieler Maschinen aus diesem Buch. Es sind jeweils mittelgroße Maschinen ihrer Art.

Planierraupe

Höhe: 3,50 m
Länge: 6,30 m
Höchstgeschwindigkeit: 10,5 km/h

Schaufelbagger

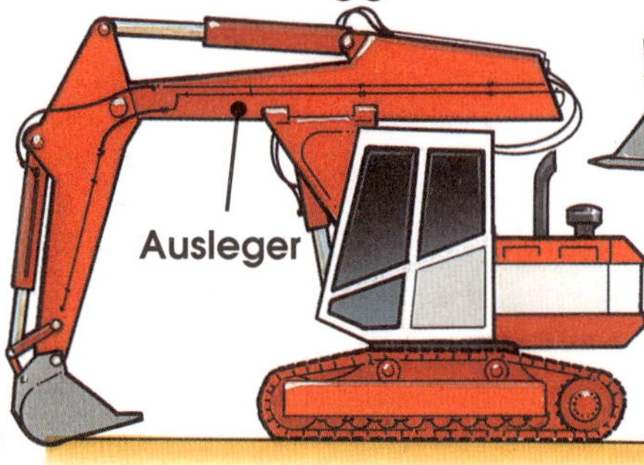

Höhe: 4 m
Länge: 3,50 m
Länge des Auslegers: 2,40 m

Schaufellader

Höhe: 3 m
Länge: 6,18 m
Maximale Grabtiefe: 4,30 m

Bagger mit Klauen

Höhe: 3 m
Länge: 6,20 m
Anzahl der Klauen: 2

Bagger mit Greifer

Höhe: 3,20 m
Länge: 4,60 m
Anzahl der Greiferfinger: 5

Bagger mit Gabelstapler

Höhe: 3 m
Länge: 6, 20
Maximale Hubhöhe: 3,50 m

Ladebagger

Höhe: 3,50 m
Länge: 7,30 m
Maximale Schaufelzuladung: 10 360 kg

Schürfwagen

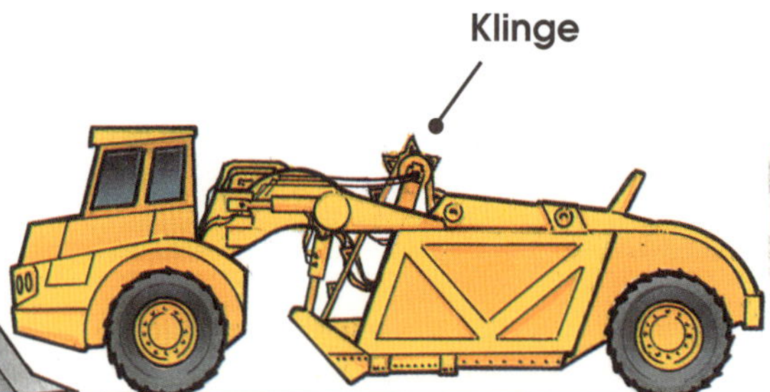

Höhe: 3,30 m
Länge: 10 m
Anzahl der Klingen: 23

Kompaktor

Höhe: 3,50 m
Länge: 6,80 m
Gewicht: 20 t

Planiermaschine

Höhe: 3,30 m
Länge: 7 m
Länge des Schilds: 4,20 m

Gelenkkipper

Höhe: 2,80 m
Länge: 6,50 m
Maximale Zuladung: 12 t

Schwerlastkipper

Höhe: 4 m
Länge: 9 m
Maximale Zuladung: 55 t

Walze

Höhe: 3 m
Länge: 5,20 m
Maximales Zusatzgewicht: 10 t

Straßenfertiger

Höhe: 3 m
Länge: 5,90 m
Höchstgeschwindigkeit: 15 km/h

Betonmischer

Höhe: 3,50 m
Länge: 5,90 m
Drehgeschwindigkeit der Mischtrommel: 12 U/min

Betonpumpe

Höhe: 3 m
Länge: 8 m
Gesamtlänge des Schlauchs: 23 m

Stemmbagger

Höhe: 3,40 m
Länge: 3 m
Länge des Stemmhammers: 60 cm

Löffelhochbagger

Höhe: 4,50 m
Länge: 6,30 m
Maximale Reichweite nach oben: 10 m

Bagger und Kräne im Überblick

Schürfkübelbagger

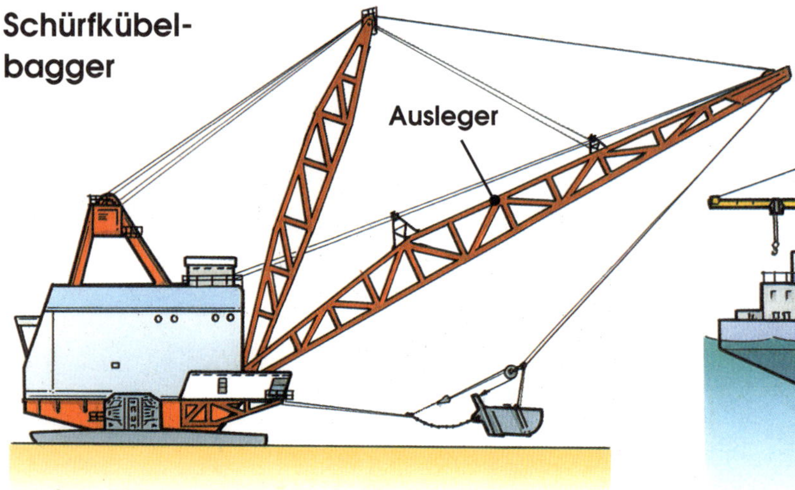

Höhe: 50 m
Länge des Auslegers: 79 m
Mannschaftsgröße: 2 Personen

Schaufel-Schwimmbagger

Höhe: 23 m
Länge: 58 m
Maximale Grabungstiefe: 25 m

Tunnelbohrmaschine (TBM)

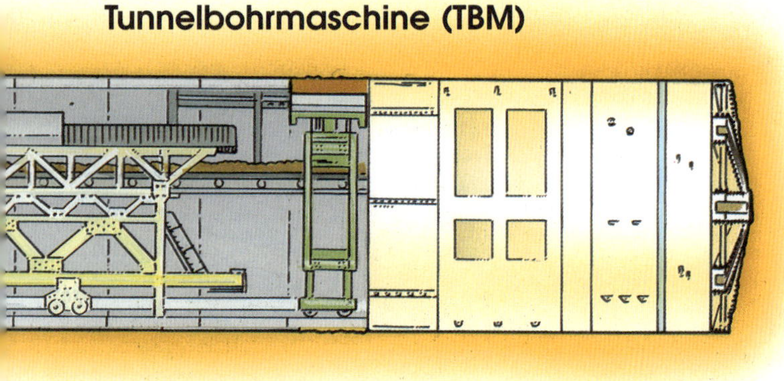

Höhe: 8,36 m
Länge: 220 m
Bohrgeschwindigkeit: 6 m/h

Teilschnittmaschine

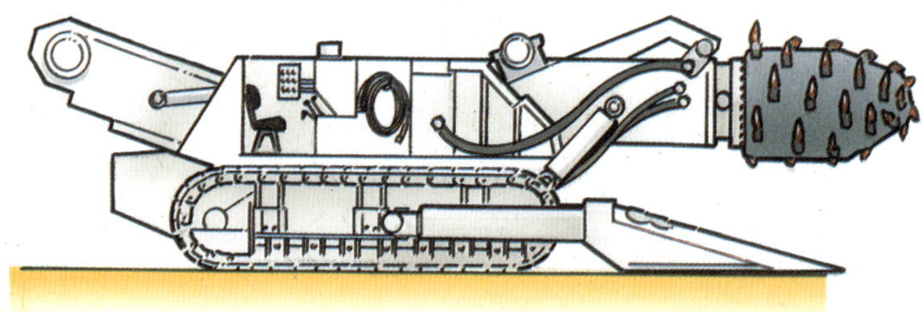

Höhe: 10 m
Länge: 9 m
Gewicht: 42 t

Continuous Miner

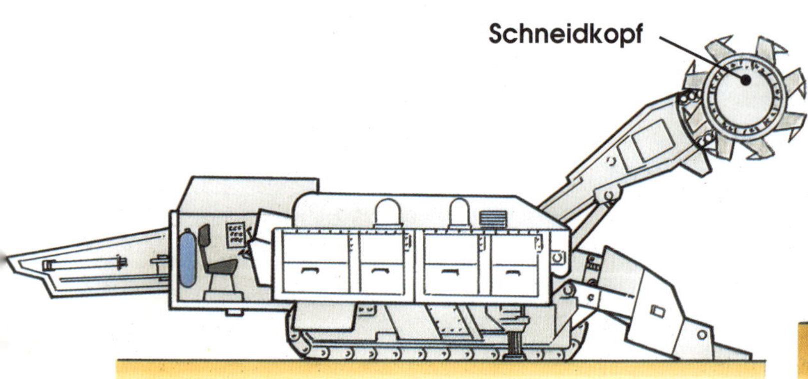

Höhe: 1,50 m
Länge: 10,60 m
Drehgeschwindigkeit des Schneidkopfs: 50 U/min

Schaufelradbagger

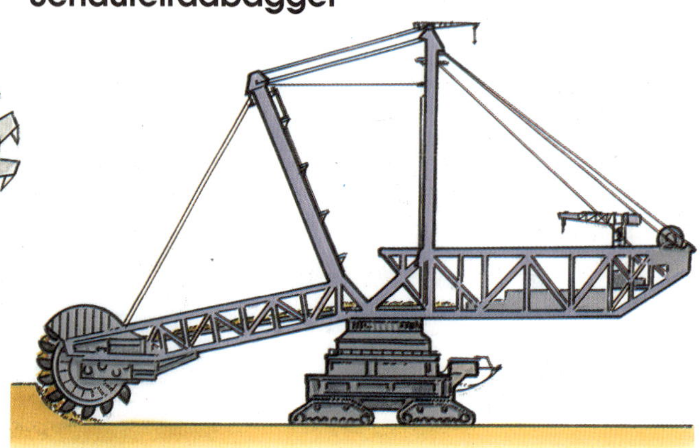

Anzahl der Schaufeln: 10
Maximale Grabungstiefe: 50 m
Mannschaftsgröße: 2 Personen

Raupenkran

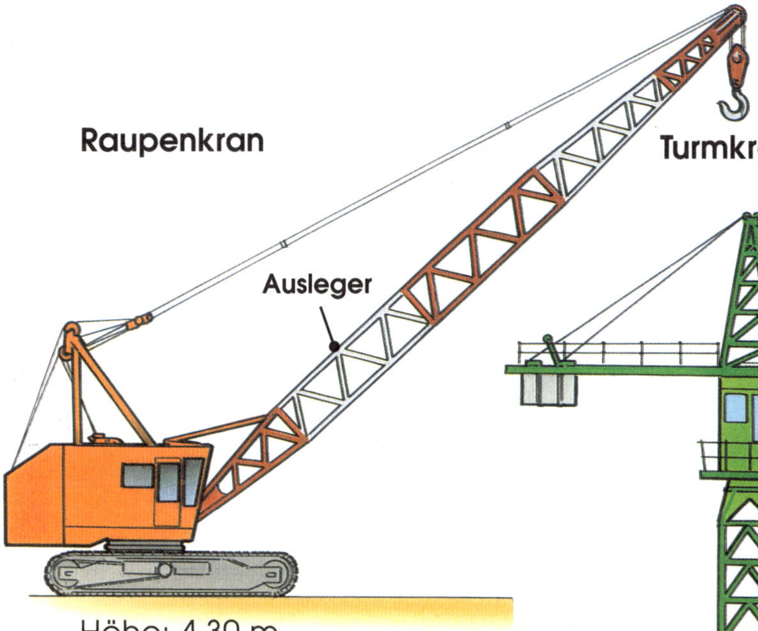

Höhe: 4,30 m
Länge: 9,80 m
Länge des Auslegers: 80 m

Turmkran

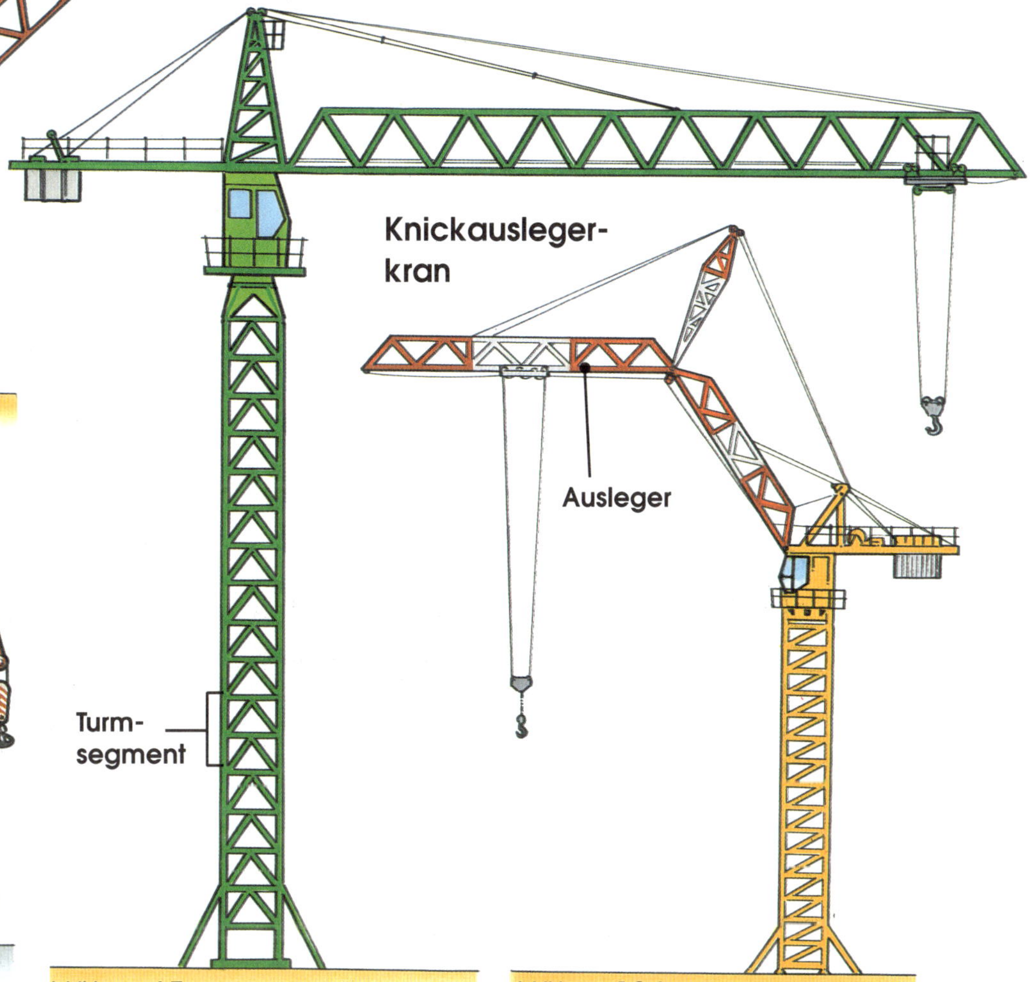

Höhe: 65 m
Höhe der Turmsegmente: 6 m
Maximale Traglast: 20 t

Knickausleger-kran

Höhe: 104 m
Länge des Auslegers: 34 m
Maximale Traglast: 12 t

Autokran

Höhe: 3,80 m
Länge: 12 m
Maximale Länge des Auslegers: 35 m

Container-kran

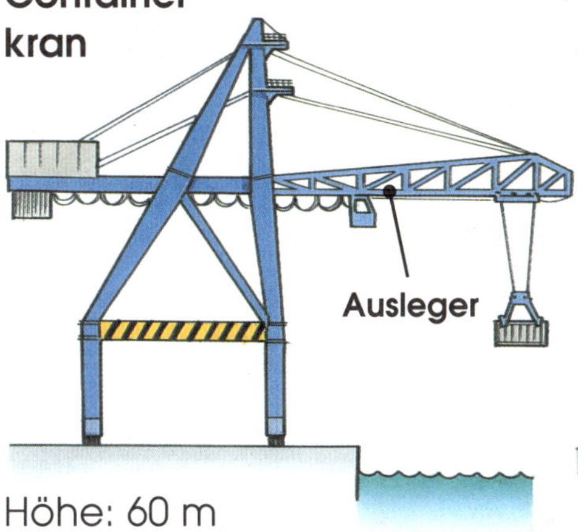

Höhe: 60 m
Länge des Auslegers: 80 m
Maximale Traglast: 50 t

Portalhubwagen oder Straddle-Carrier

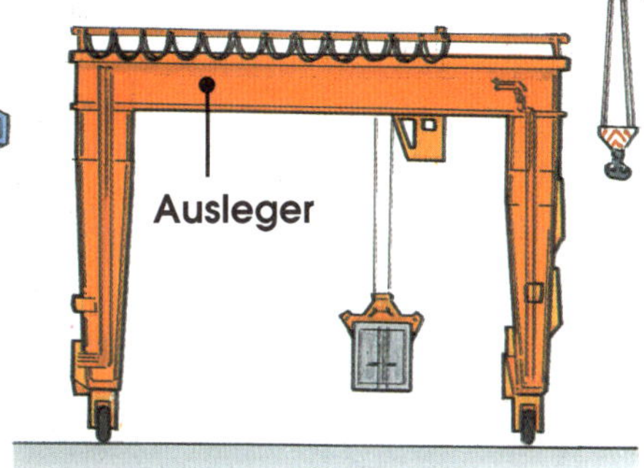

Höhe: 12 m
Länge des Auslegers: 12 m
Maximale Traglast 12 t

Schwimmender Riesenkran

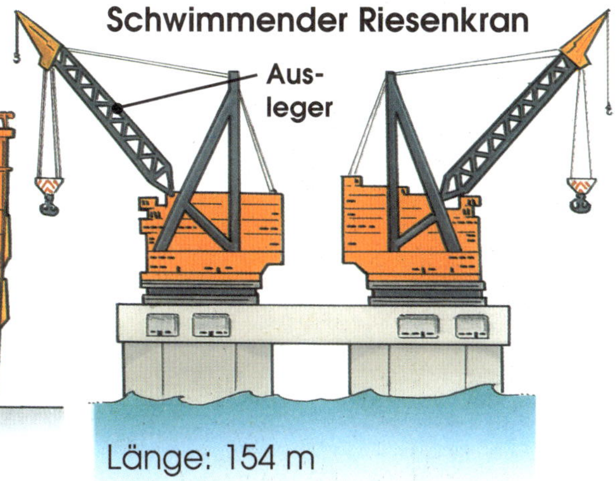

Länge: 154 m
Maximale Traglast: 1000 t
Anzahl der Ausleger: 2

Traktoren

Traktoren werden auf Bauernhöfen für viele verschiedene Arbeiten eingesetzt und das bei jedem Wetter.

Die Landwirte fahren mit Traktoren über holprige, schlammige Felder, deshalb müssen diese Fahrzeuge robust sein und viel aushalten.

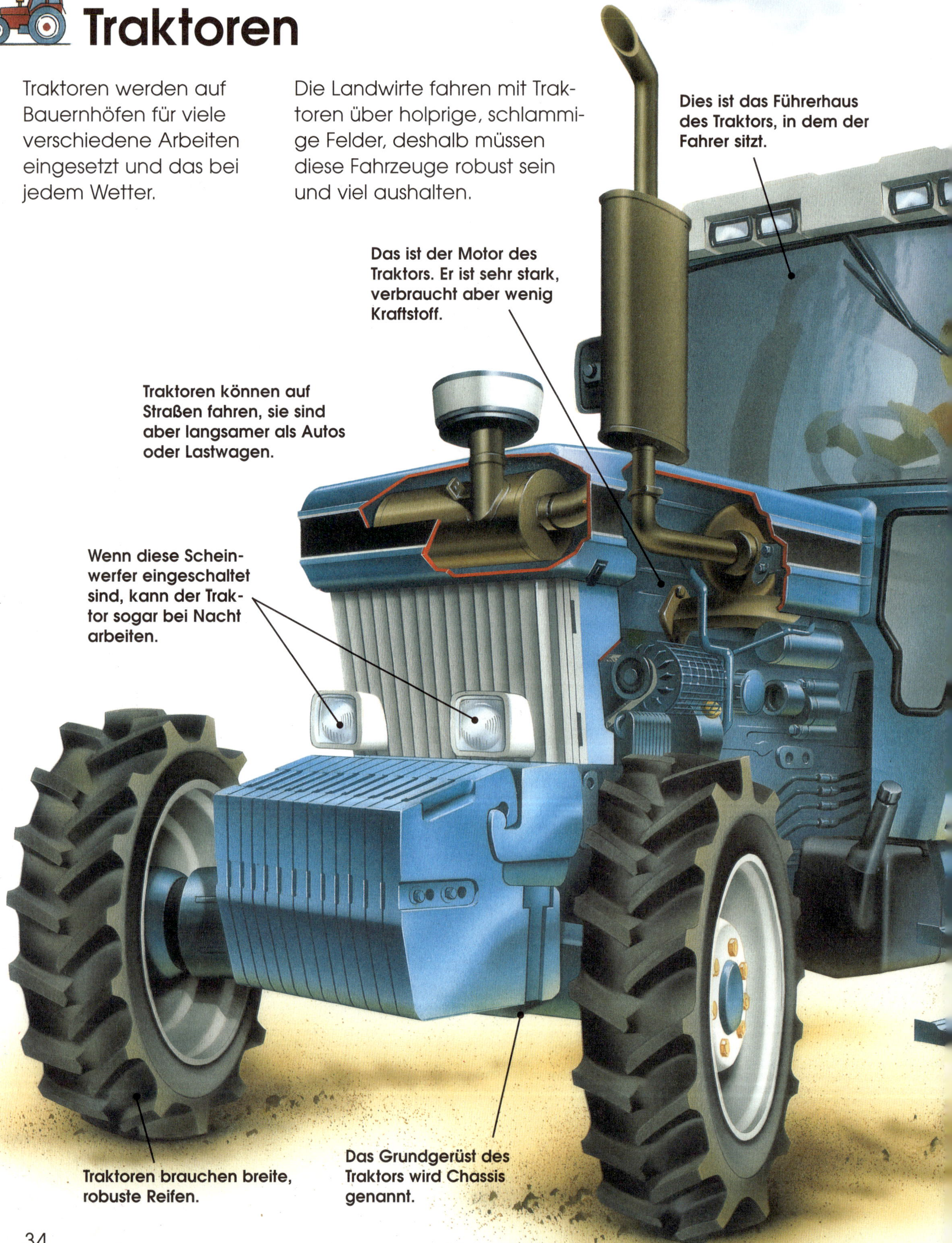

Dieses Licht blinkt, wenn der Traktor auf der Straße fährt. Wenn andere Fahrer es sehen, bremsen sie ab.

Das hintere Fenster kann man öffnen, um bei heißem Wetter frische Luft in das Führerhaus zu lassen.

Im Führerhaus gibt es eine Heizung für kalte Tage.

Traktoren können umstürzen, wenn sie steile Abhänge befahren. Diese Metallstreben sollen verhindern, dass der Fahrer eingequetscht wird, wenn das passiert.

Traktoren können auf sehr kleinem Raum wenden. So zerdrücken sie dabei nur wenige Feldpflanzen.

Im Gelände

In den Reifen sind tiefe Rillen. So greifen sie auch in feuchtem, schlammigen Boden, und der Traktor bleibt nicht stecken.

Ein Traktor hat eine große Bodenfreiheit. So wird er auf felsigem, unebenem Untergrund nicht beschädigt.

Sein kraftvoller Motor ermöglicht es dem Traktor, auch steile Hänge zu überwinden.

Anhängerkupplung

Traktoren können viele verschiedene Ackergeräte ziehen.

Diese Ackergeräte werden an einer so genannten Dreipunkt-Abnahme hinter dem Führerhaus befestigt. Eine Metallstange, die Zapfwelle, überträgt die Kraft des Traktormotors auf die Ackergeräte und setzt sie in Betrieb.

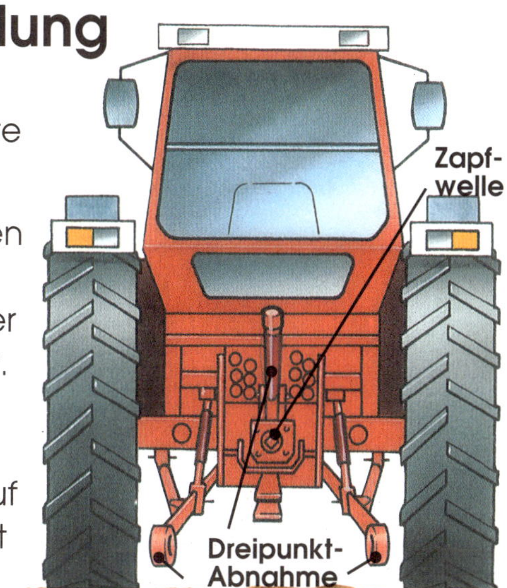

Traktoren

Die Hauptaufgabe eines Traktors ist es, Äcker auf und ab zu fahren und Ackergeräte zu ziehen. Die vier Geräte auf diesen Seiten bereiten den Ackerboden vor und säen Pflanzen aus.

Pflug

Dieser Traktor zieht einen Pflug. Pflüge brechen den glatten, verfestigten Boden auf und wenden ihn um. Außerdem werden so Unkräuter ausgerissen und mit Erde bedeckt. Im so bearbeiteten Boden können Pflanzen besser gedeihen.

Egge

Dieser Traktor zieht eine Egge. Eggen zerkleinern die vom Pflug aufgebrochenen großen Erdschollen.

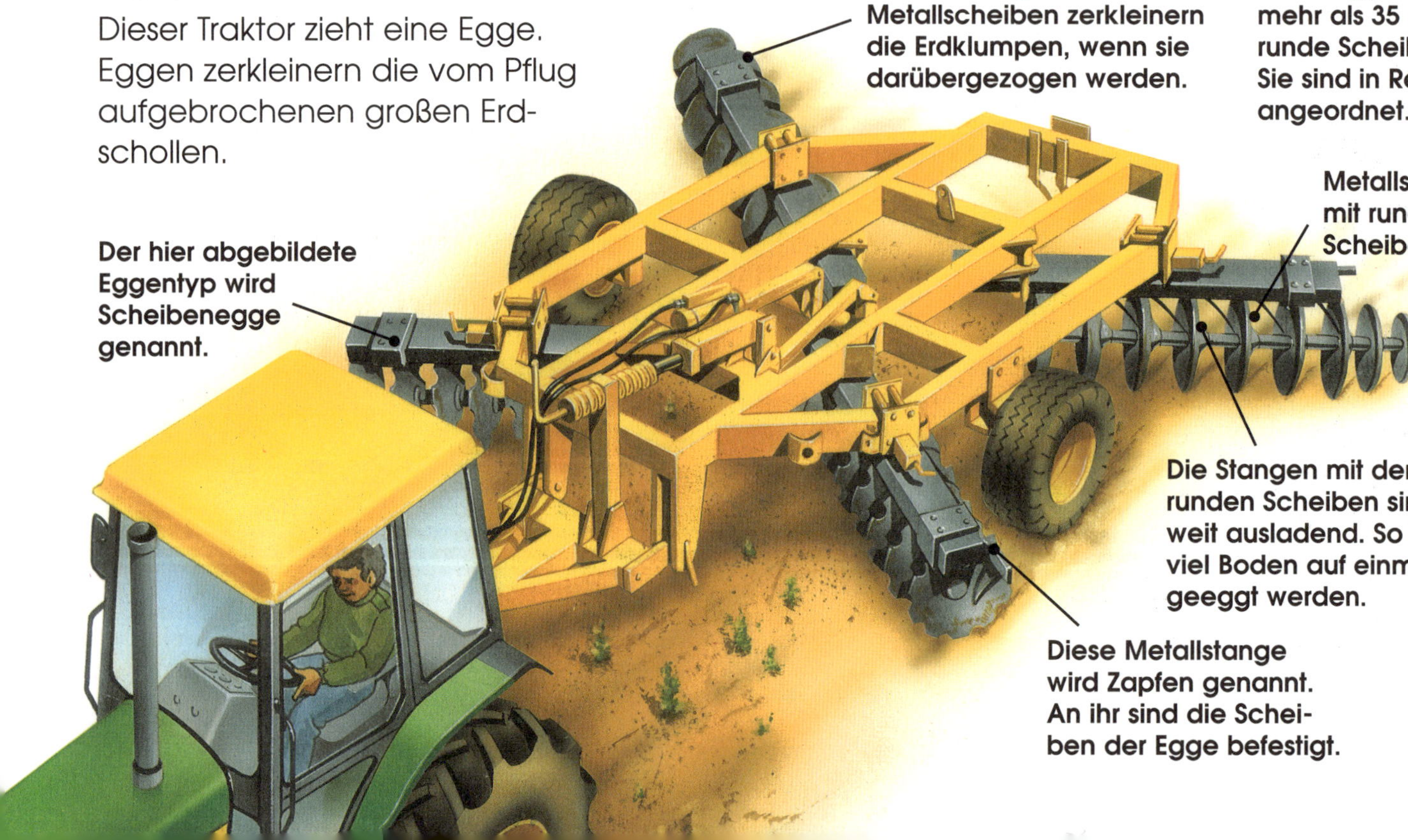

Walze

Mit Walzen wird die Erde nach dem Eggen geebnet. Dann kann auf dem Acker gesät werden.

Sämaschine

Nun ist der Acker für die Aussaat bereit. Dieser Traktor zieht eine Sämaschine.

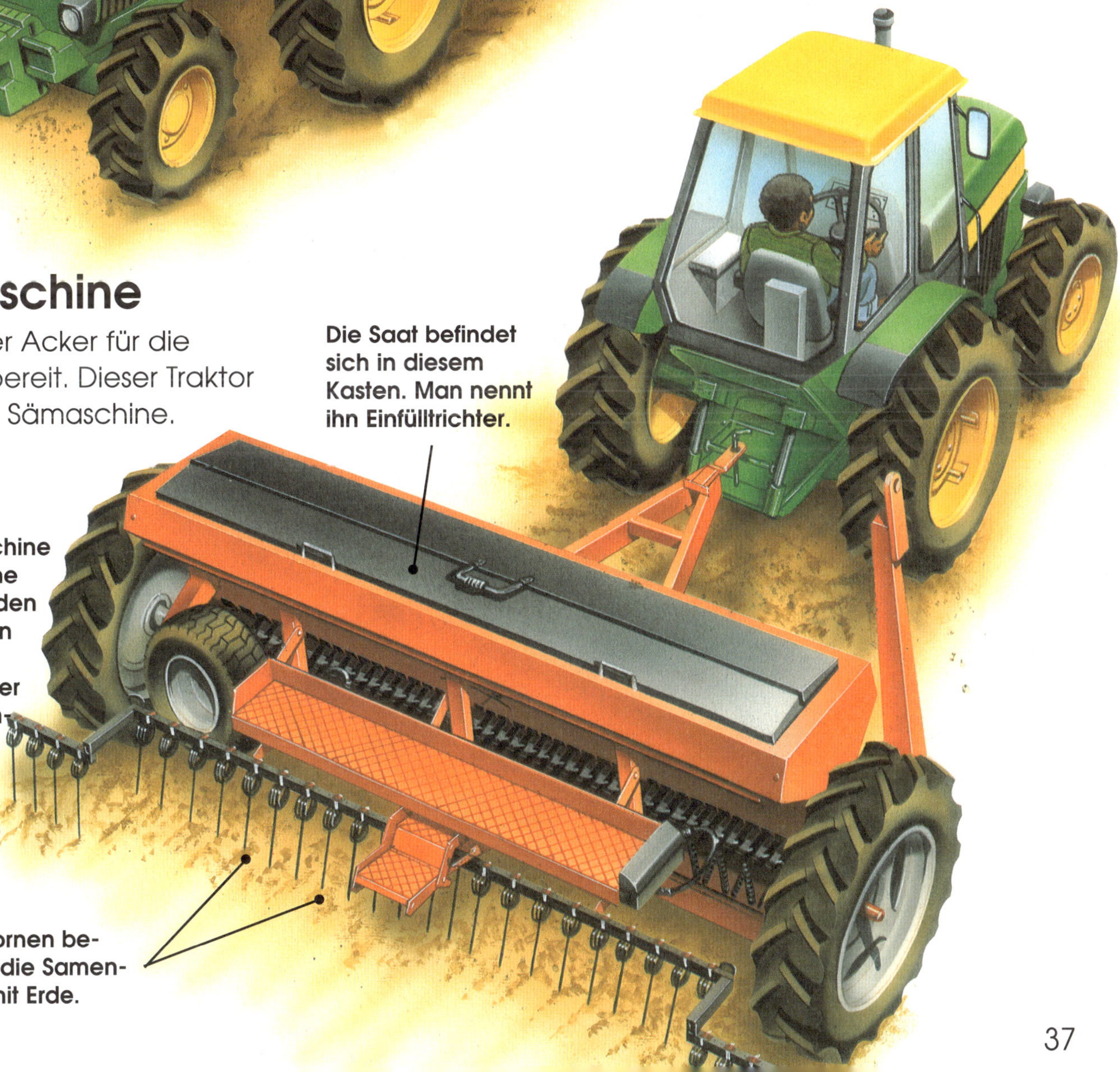

Streuer und Spritzgeräte

Feldfrüchte brauchen Nahrung in Form von Düngemitteln, um gut zu gedeihen. Es ist auch möglich, dass sie vor Insekten und Krankheiten geschützt werden müssen. Die Geräte auf diesen Seiten verteilen Dünger auf Feldern oder bespritzen sie mit Schädlingsvertilgungsmitteln.

Miststreuer

Tiere auf einem Bauernhof produzieren viel Mist. Er ist ein hervorragendes Düngemittel für die Äcker.

Ein Traktor zieht diesen Spezialwagen, um Mist über die jungen Pflanzen zu verteilen. Er wird Miststreuer genannt.

Feldspritzgeräte

Manche Landwirte bespritzen ihre Felder mit Chemikalien, die man Pflanzenschutzmittel nennt, um Insekten und Krankheiten zu vernichten. Diese Chemikalien sind giftig, deshalb dürfen Landwirte sie nur sehr vorsichtig verwenden.

Die am Traktor angebrachte Vorrichtung wird Feldspritze genannt. Wenn der Traktor über das Feld fährt, wird die genau passende Menge Pestizid verspritzt.

Riesige Feldspritzgeräte

In manchen Ländern sind die Felder riesig. Die Landwirte dort befestigen an ihren Traktoren besonders große Feldspritzgeräte, um ihr Land in möglichst kurzer Zeit mit Pflanzenschutzmittel spritzen zu können. Die Breite dieses Geräts entspricht der Länge von zwei Bussen.

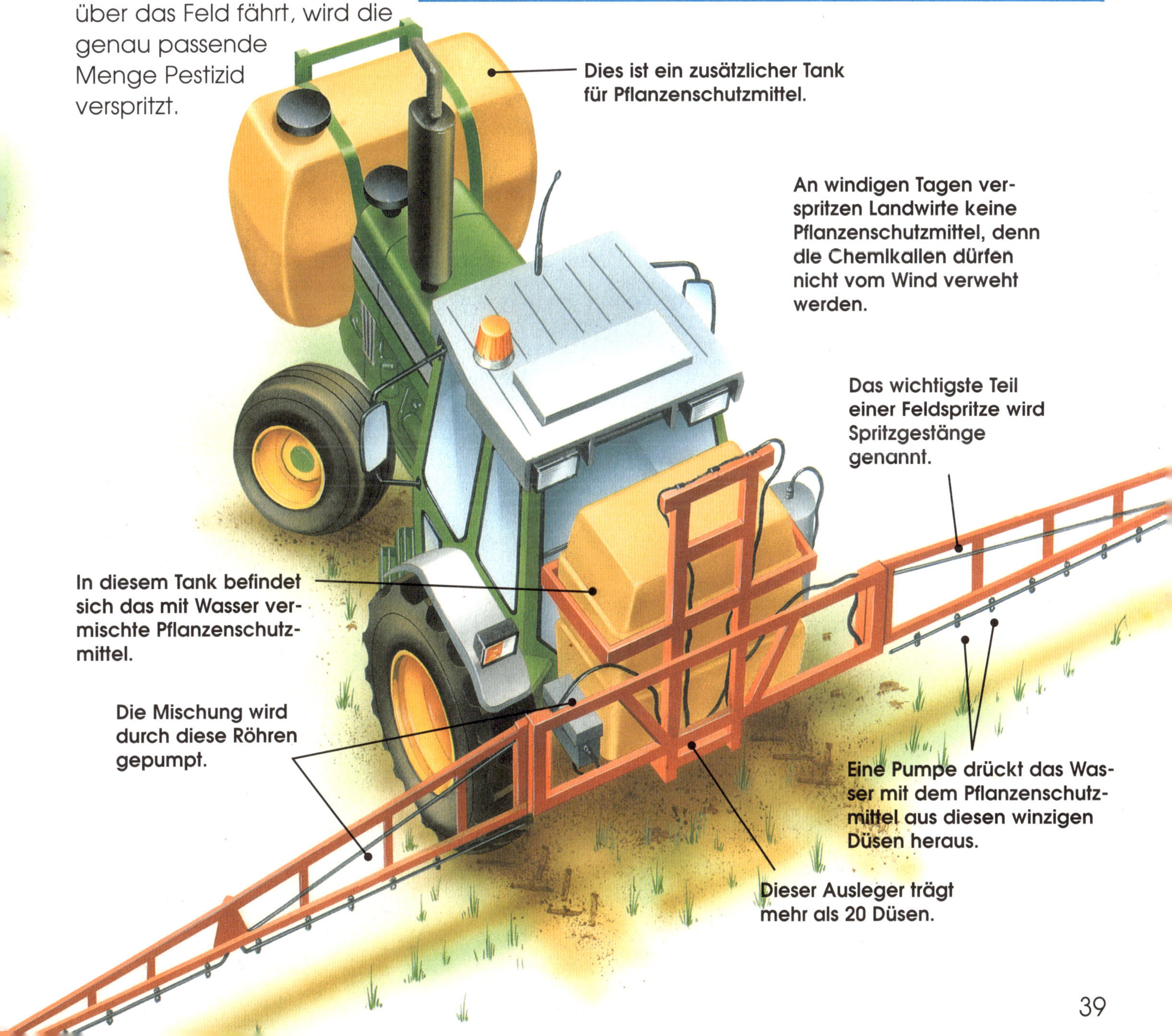

Mähdrescher

Diese landwirtschaftliche Maschine wird Mähdrescher genannt. Sie erledigt zwei Arbeitsgänge auf einmal: Zuerst schneidet sie Feldfrüchte wie Getreide oder Erbsen über dem Boden ab und sammelt sie ein. Das nennt man Mähen oder Ernten. Dann trennt der Mähdrescher die Frucht von den Halmen. Das wird Dreschen genannt. Hier kannst du sehen, wie es funktioniert.

Aussortieren

Viele Feldfrüchte bestehen aus einem Halm mit Körnern an der Spitze. Ein Mähdrescher schneidet den Halm ab und zieht ihn herein.

Im Führerhaus

Manche Mähdrescher haben Computer im Führerhaus. Sie informieren den Fahrer darüber, wie voll der Körnertank ist und ob es technische Probleme gibt.

Im Innern des Mähdreschers schüttelt die sich drehende Dreschtrommel die Körner von den Halmen. Sie werden in einem Kasten gesammelt.

Die Halme werden als Stroh hinten aus dem Mähdrescher herausgedrückt. Ventilatoren blasen kleinste Abfallteilchen, die man Streu nennt, heraus.

Die Körner werden in einen Transportanhänger ausgeladen. Ein Traktor wird sie zur Lagerung in eine Trockenscheune bringen.

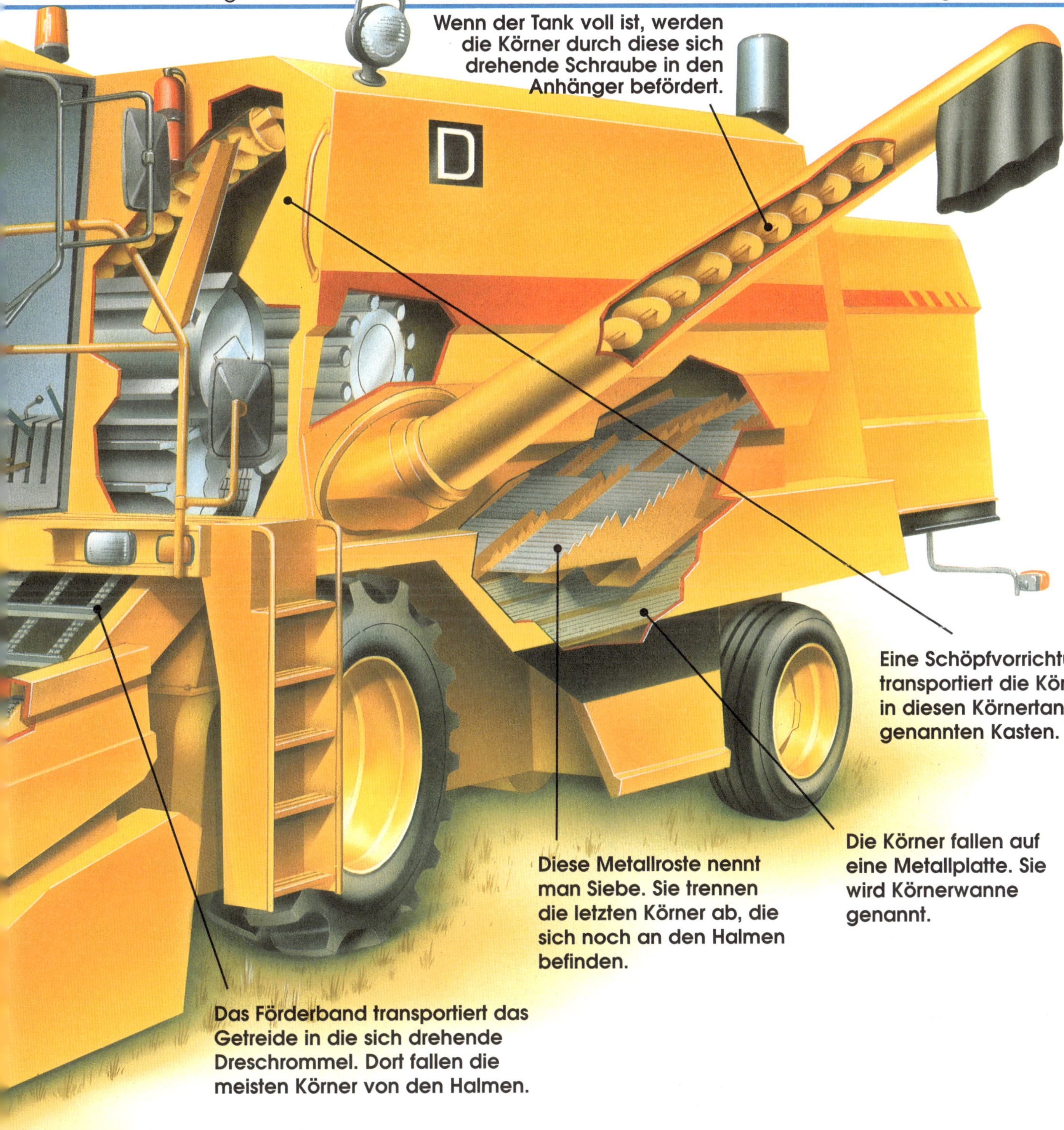

Heu und Stroh

Landwirte benutzen diese Maschinen, um Heu und Stroh zu ernten. Stroh wird als Unterlage für die Tiere auf dem Bauernhof gebraucht. Heu ist getrocknetes Gras, das die Tiere fressen.

Mäher

Dieser Traktor zieht einen Grasmäher. Der Mäher schneidet das Gras ab und lässt es in Reihen auf dem Feld liegen. Diese Reihen werden Schwaden genannt.

Heuwender

Stroh und Gras müssen vollkommen trocken sein, bevor man beides zu großen Ballen formen kann. Diese Landmaschine unterstützt das Trocknen, indem sie das in Schwaden liegende Gras wendet. Man nennt sie Heuwender.

Ballenpresse

Wenn man Heu oder Stroh zu Ballen formt, kann man es einfacher transportieren. Diese Maschine formt walzenförmige Ballen, sie ist eine Rundballenpresse.

So funktioniert es:

Metallfinger an der Vorderseite der Ballenpresse schieben Heu oder Stroh in die Maschine. Sich drehende Trommeln formen es zu einer runden Walze.

Feste Schnüre pressen den Ballen zusammen. Dann öffnet sich die hintere Hälfte der Ballenpresse, und der Ballen rollt auf das Feld.

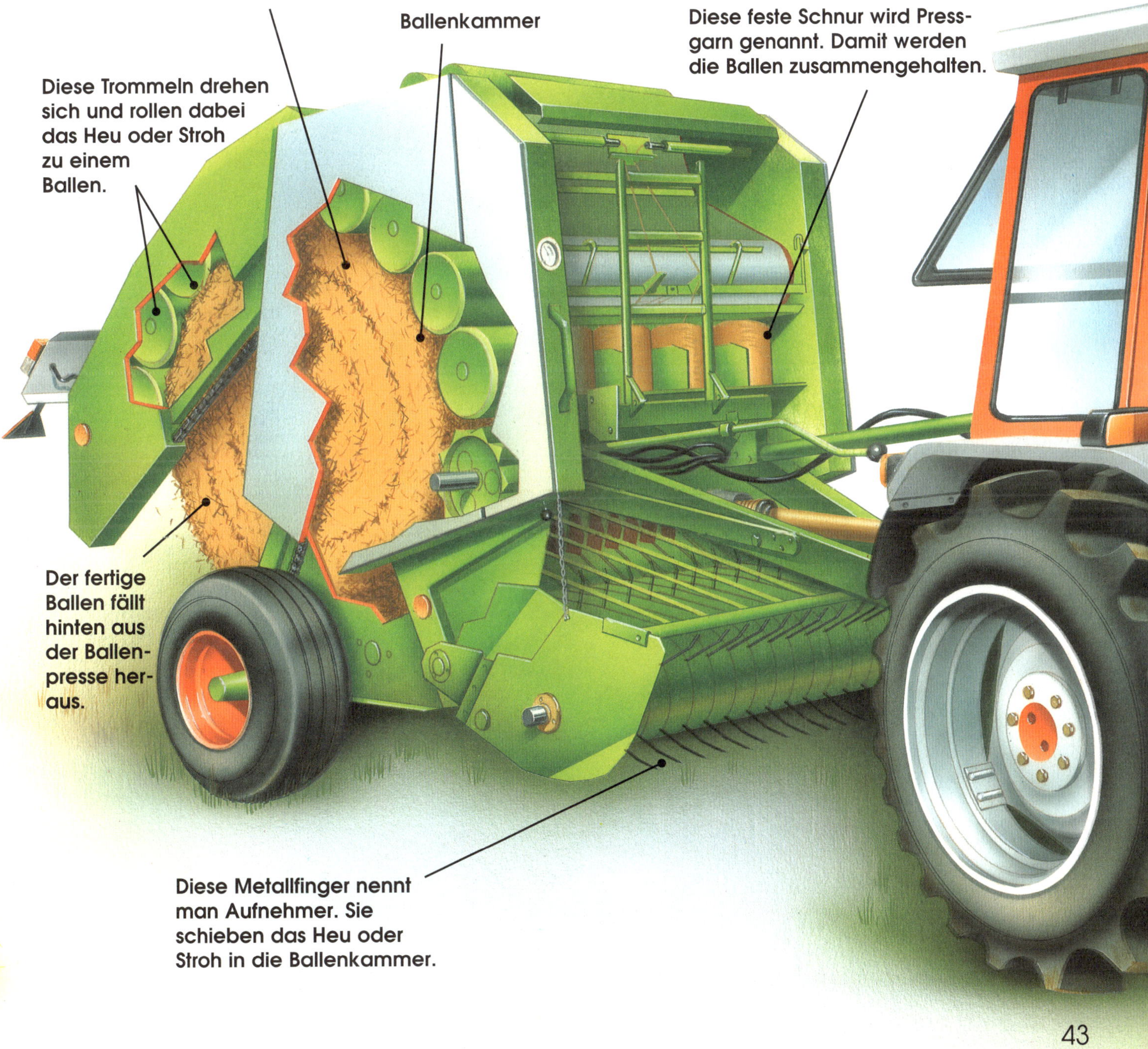

Futter für Tiere

Im Sommer können Tiere Gras oder andere Pflanzen fressen. Diese Sorte Tiernahrung nennt man Grünfutter. Landwirte ernten dieses Grünfutter im Sommer und verarbeiten es zu einer Tiernahrung, die man Silage nennt. Diese können sie im Winter, wenn wenig oder kein Grünfutter wächst, an die Tiere verfüttern.

Vom Grünfutter zur Silage

Der Mählader liest gemähtes Gras auf. Er zerkleinert es und bläst es in einen Transportanhänger.

Das zerkleinerte Gras wird in einen Lagerbehälter aus Metall geschüttet, der auf dem Bauernhof steht.

Aus dem Lagerbehälter befördert ein Gebläse das Grünfutter in ein Silo. Darin wird es langsam zu Silage.

Mählader

Diese Landmaschine ist ein Mählader. Während sie sich über das Feld bewegt, sammelt sie gemähtes Grünfutter auf und zerkleinert es.

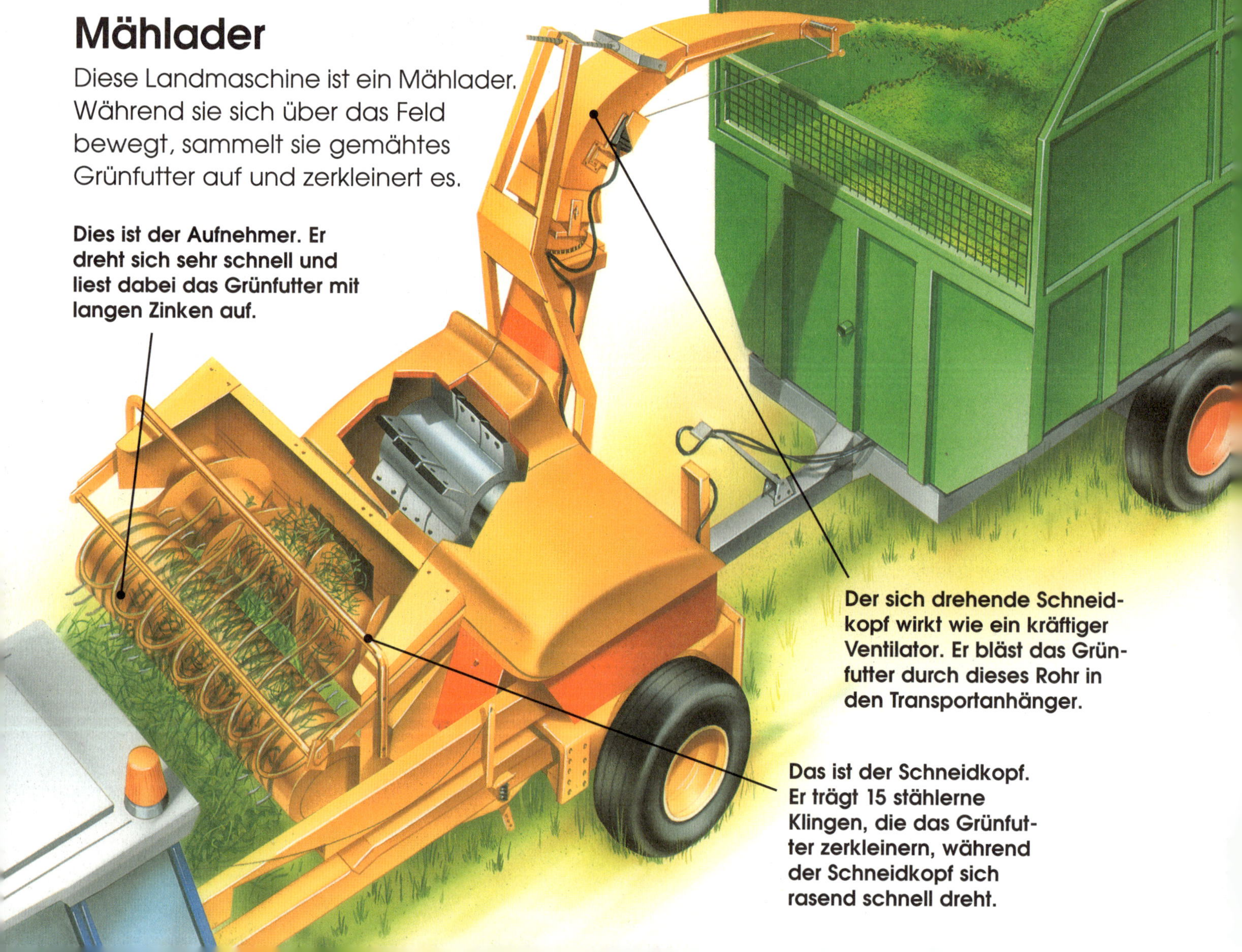

Lagerbehälter und Gebläse

An einem Ende des Lagerbehälters befördert das Gebläse mit einem sehr kräftigen Ventilator das Grünfutter in ein hohes Silo. Im Inneren des Silos verwandelt sich das Grünfutter durch Gärung in Silage.

Ein Silo muss absolut dicht verschlossen sein, keine Luft darf eindringen. So kann das Grünfutter besser gären.

Das Silo ist den Sommer über fest verschlossen. In dieser Zeit wird das Grünfutter zu Silage.

Es ist gefährlich, in ein Silo zu steigen. Aus der Silage steigen stinkende Gase auf, deshalb ist in einem Silo für Menschen keine Luft zum Atmen.

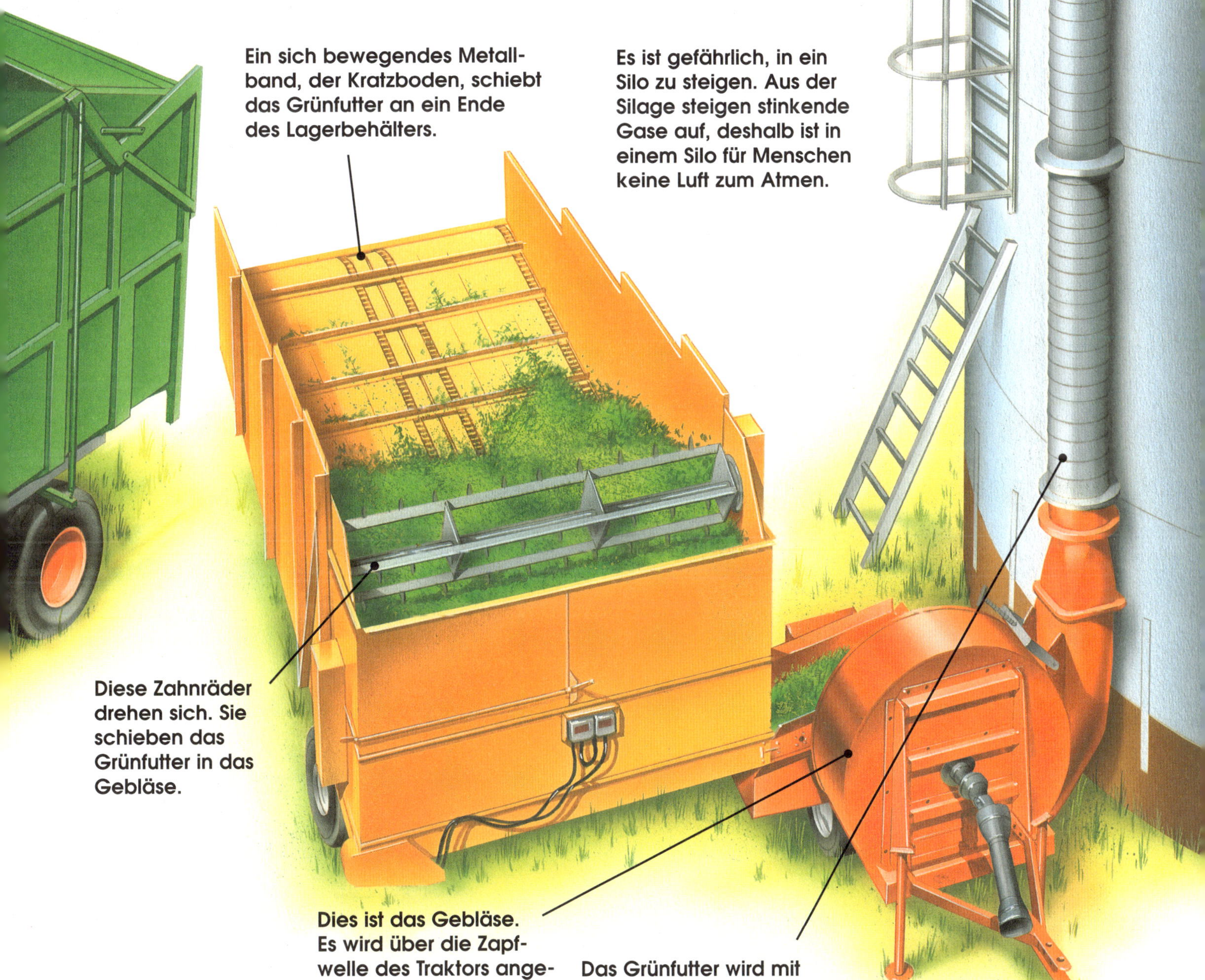

Frontlader

Genauso wie an der hinteren Seite des Traktors befestigen Landwirte auch Werkzeuge an seiner Vorderseite. Diese Geräte sind so gebaut, dass man damit große und schwere Dinge auf dem Bauernhof heben und transportieren kann.

Greifer

Dieses Werkzeug wird Greifer genannt. Der Landwirt kann es an seinem Traktor anbringen, um damit Silage oder Mist aufzugreifen.

So funktioniert der Greifer

Wenn der Greifer sehr nahe am Mist ist, öffnet der Fahrer mit einem Hebel die Zinken wie ein großes Maul.

Ein anderer Hebel bewirkt, dass sich die Zinken in den Mist graben und dieser angehoben wird.

Die Zinken öffnen sich, um den Mist dorthin fallen zu lassen, wo der Fahrer ihn abladen will.

Ballengabel

Heu- oder Strohballen sind sehr schwer. Landwirte befestigen ein Ballengabel genanntes Werkzeug an ihrem Traktor, um sie einzeln zu transportieren.

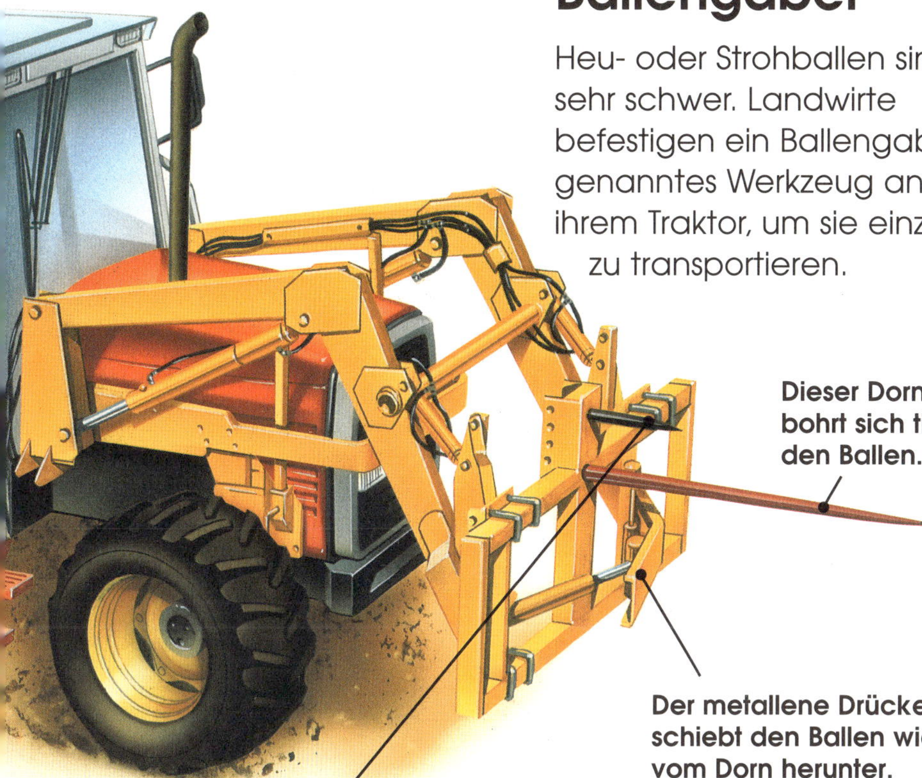

So funktioniert es:

Wenn der Traktor gegen den Ballen fährt, bohrt sich die Gabel hinein.

Zum Transport wird die Gabel angehoben, so dass der Fahrer den Weg sehen kann.

Der Traktor senkt die Gabel wieder ab. Ein Drücker schiebt den Ballen von ihr herunter.

Gabelstapler-Traktor

Landwirte müssen Säcke voller Saat, Viehfutter oder Dünger auf dem Bauernhof hin und her transportieren. Dafür können sie einen Gabelstapler an der Vorderseite ihres Traktors montieren.

Hackfruchtmaschinen

Landwirte verwenden diese Maschinen, um Gemüse, wie zum Beispiel Kartoffeln oder Karotten, zu säen und zu ernten. Weil die essbaren Teile dieser Pflanzen unter der Erde wachsen und man sie früher aus dem Boden heraushacken musste, heißen sie Hackfrüchte.

Kartoffelpflanzer

Das ist ein automatischer Kartoffelpflanzer. Er pflanzt bei der Fahrt kleine, Saatkartoffeln genannte Kartoffeln in die Erde.

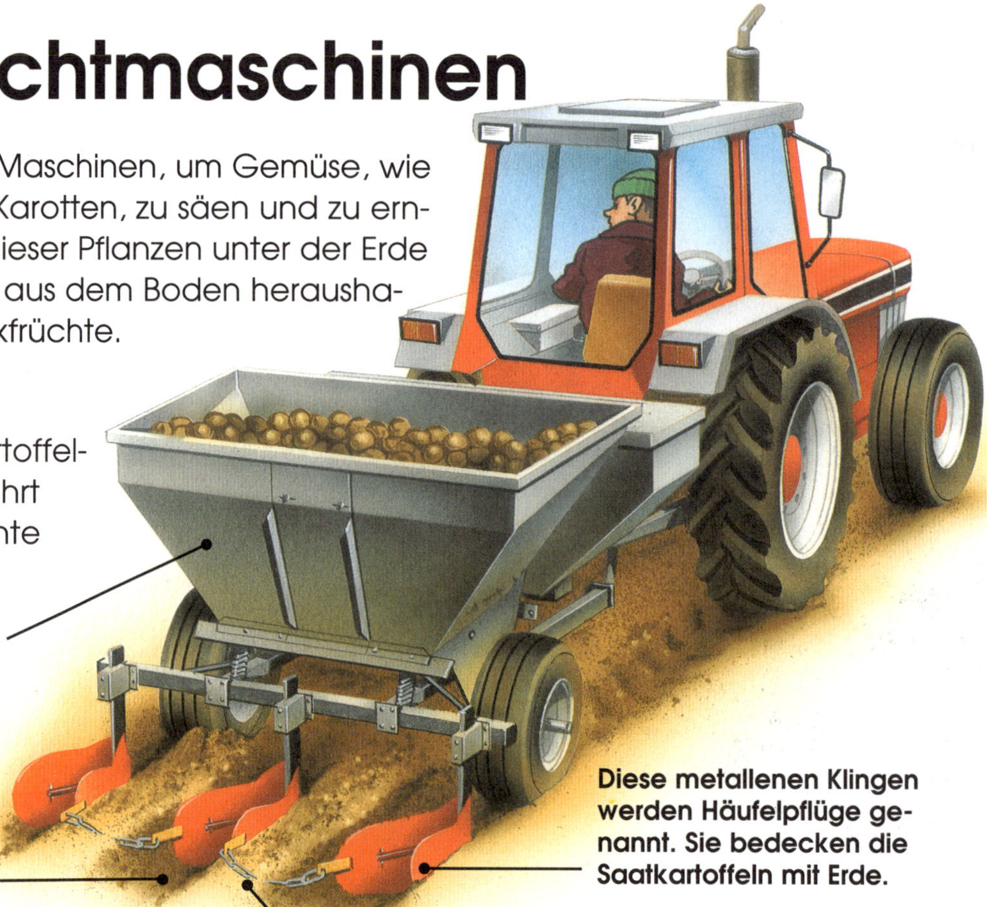

Hackfruchternter

Dies ist ein Hackfruchternter. Er erntet Kartoffeln.

Das passiert in der Maschine:

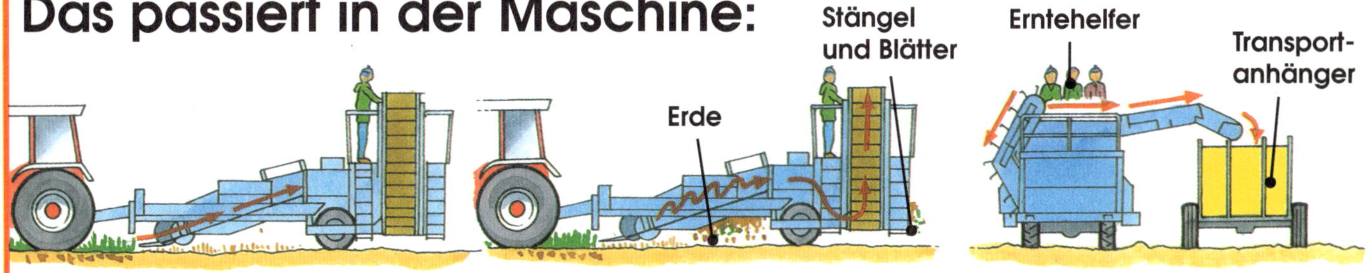

Der Hackfruchternter zieht das Gemüse aus dem Boden.

Er schüttelt die Erde vom Gemüse und lässt die abgetrennten Stängel und Blätter am Ende der Maschine herausrieseln.

Förderbänder transportieren das Gemüse an den Erntehelfern vorbei in einen Transportanhänger.

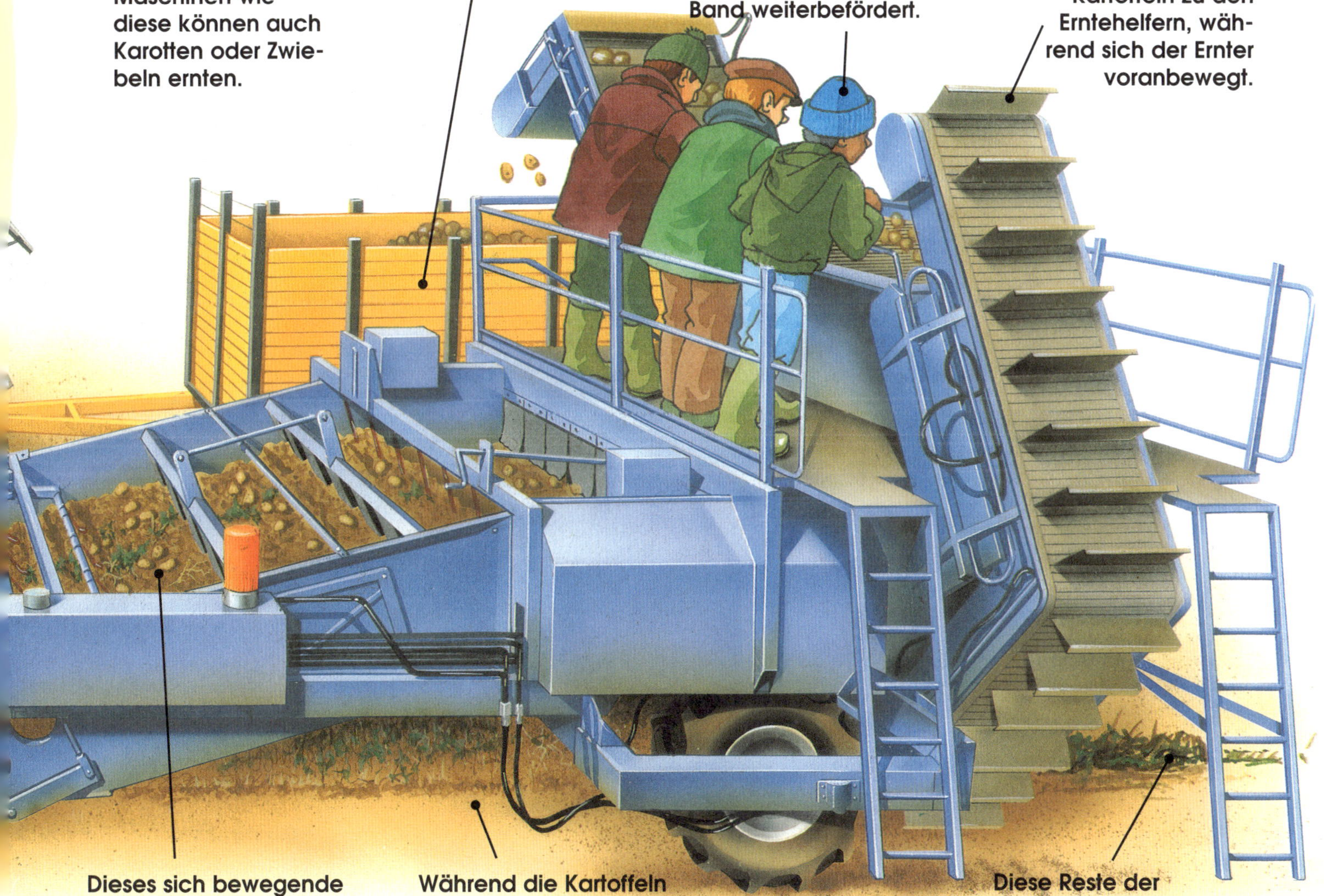

Riesentraktor

Normale Traktoren sind für manche landwirtschaftliche Aufgaben nicht stark genug. Riesige Maschinen wie diese bewältigen sie. Sie kommen in den ausgedehnten Weizenfeldern Nordamerikas zum Einsatz und können lange ohne Unterbrechung arbeiten.

Räder und Gewicht

Solche Traktoren sind sehr schwer. Sie brauchen acht Räder, um ihr enormes Gewicht tragen zu können.

Der Traktor wird von allen acht Rädern angetrieben und hat ein Gelenk in der Mitte. Dadurch ist er sehr beweglich.

Die Reifen des Traktors sind sehr breit. So haben sie mehr Bodenhaftung, um den Traktor vorwärts zu bewegen.

Riesentraktoren wie dieser sind schwer und langsam. Sie erreichen nur etwa die Geschwindigkeit eines Fahrrads.

Dieser Traktor kann ebenfalls schwere Lasten heben und Ackergeräte ziehen.

Die acht breiten Reifen verteilen das Gewicht des Traktors auf einer großen Fläche. Das verhindert ein Einsinken in den Boden.

Dieser Traktor kann mit einer Tankfüllung etwa 24 Stunden lang ununterbrochen arbeiten.

Big Bud

Das ist einer der größten Traktoren der Welt. Sein Name ist Big Bud. Seine Reifen sind höher als ein Mensch groß ist.

Big Bud ist besonders für den Einsatz auf großen Farmen in Nordamerika gebaut worden.

Das ist der Luftfilter. Er verhindert, dass Staub in den Motor gelangt und ihn beschädigt.

Im Führerhaus hat man einen Blick wie aus einem Fenster im ersten Stock.

Der Fahrer kann während seiner langen Arbeitszeit Musik hören.

Riesentraktoren arbeiten oftmals auch bei Nacht. Daher haben sie vorne und hinten Scheinwerfer.

Das dicke Glas sorgt dafür, dass nur wenig Motorenlärm in das Führerhaus eindringt.

Einige Weizenfelder in Nordamerika sind so lang, dass man eine Stunde braucht, um von einem Ende zum anderen zu fahren.

Der Motor dieses Traktors ist sehr viel stärker als der eines normalen Traktors.

Lader

Diese Geräte sind dazu gebaut, Lasten aufzuheben. Sie werden Lader genannt. Auf Bauernhöfen kommen drei verschiedene Ladertypen zum Einsatz.

Traktorlader

Das ist ein Traktorlader. An seiner Vorderseite ist eine Schaufel befestigt, mit der er lose Materialien verschiedener Art aufnehmen kann.

Kompaktlader

Der Kompaktlader erledigt kleinere Ladeaufgaben. Er wird Kompaktlader genannt, weil er vergleichsweise klein und sehr beweglich ist.

Teleskoplader

Solche Lader nennt man Teleskoplader. Bei diesen Ladern gleitet der Hebearm aus einem geraden Metallgehäuse hervor wie bei einem Teleskop.

Heben und Laden

Ein Kompaktlader kann die Schaufel beladen, wenn sie in diese Position gekippt ist.

Sein Hubgestänge kann sich über das Führerhaus strecken und dort die Schaufel entladen.

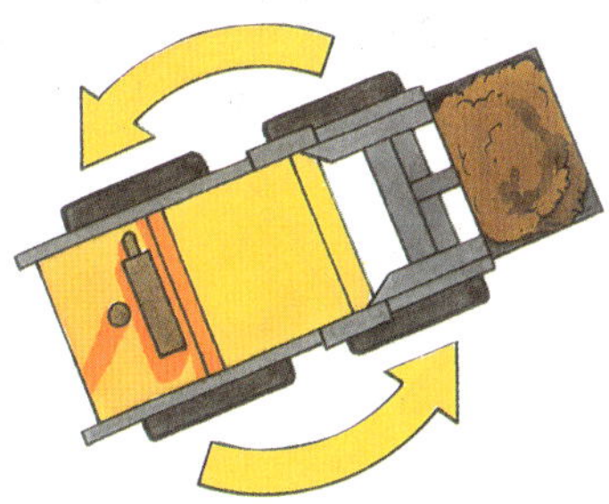

Der Lader kann so gelenkt werden, dass er auf der Stelle wendet.

Rund um den Bauernhof

Traktoren werden auf dem Bauernhof für viele Aufgaben eingesetzt. Diese hier sind mit Geräten versehen, um Gräben auszuheben, Hecken zu schneiden und Zaunpfosten einzuschlagen.

Grabenbagger

Wenn ein Acker nach starkem Regen zu nass ist, können darauf keine Feldfrüchte wachsen. Der Landwirt muss dafür sorgen, dass das Wasser abfließen kann.

Dieser Traktor verwendet ein Werkzeug, dass Grabenbagger genannt wird, um Drainagegräben auszuheben. Das Wasser wird aus dem Feld über die Gräben abgeleitet.

Heckenschneider

Wenn Landwirte ihre Hecken beschneiden wollen, befestigen sie diesen Heckenschneider genannten Arm an ihrem Traktor. Während der Traktor fährt, schneiden die Metallklingen des Geräts die Spitzen der Hecke ab.

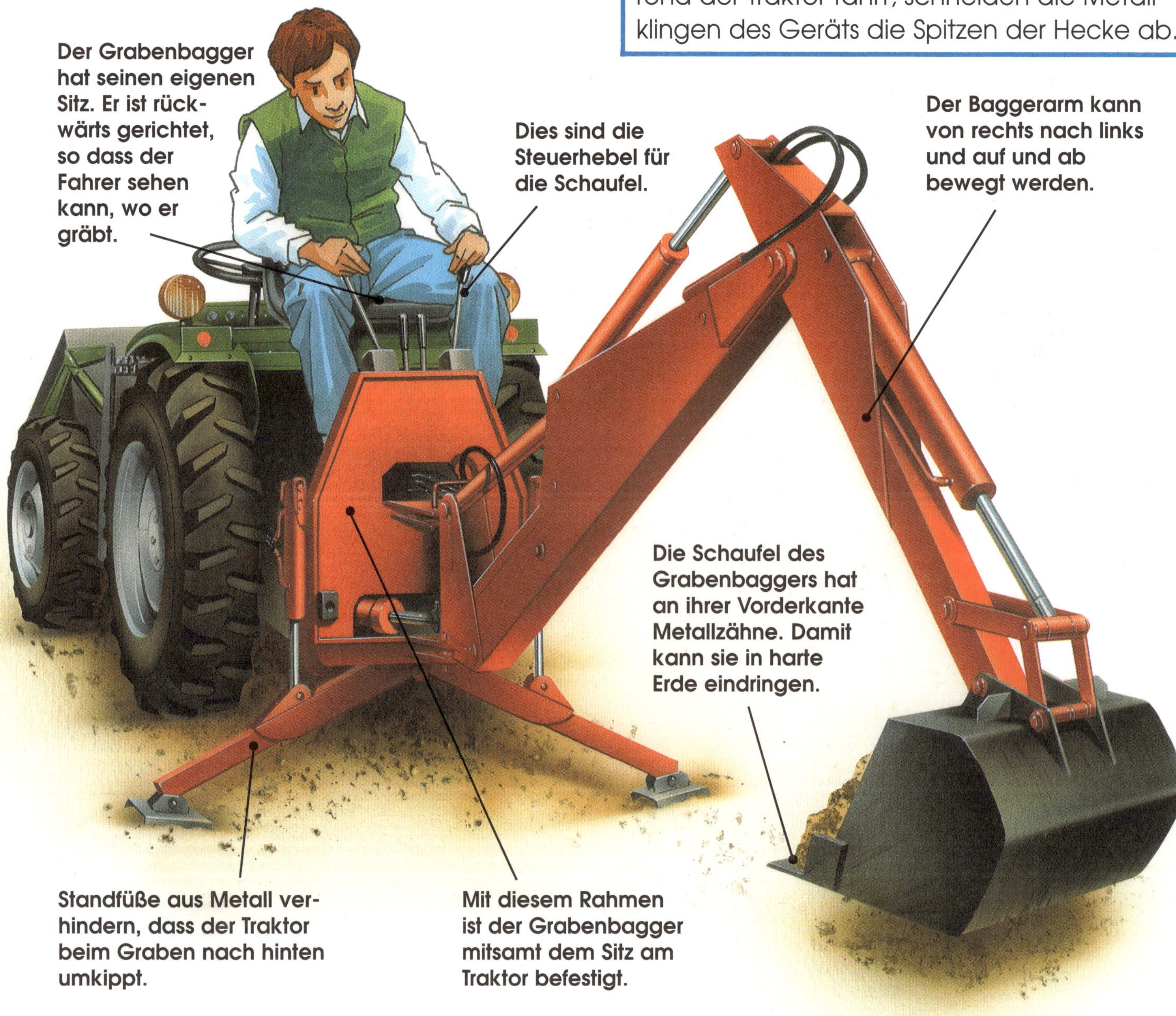

Pfostensetzer

Mit Traktoren kann der Landwirt Zäune um seine Felder ziehen. An diesem Traktor ist ein Werkzeug befestigt, dass man Pfostensetzer nennt. Es rammt Pfosten in den Boden. Zwischen denen kann der Landwirt Draht spannen.

Pfostensetzer werden manchmal auch Pfostenrammen genannt.

Druckkraft

Der Landwirt schiebt einen Pfosten in eine Haltevorrichtung am Pfostensetzer.

Er platziert den Pfostensetzer über der Stelle, an der er den Zaunpfosten haben will.

Ein schweres Gewicht am Pfostensetzer schlägt den Pfosten in den Boden.

Raupenschlepper

Anstelle von Reifen hat dieser Traktor Gummiketten. Er wird Raupenschlepper genannt. Landwirte benutzen ihn auf sehr nassen, schlammigen Feldern, wo ein normaler Traktor nicht fahren könnte. Raupenschlepper können auch schwere Anhänger oder Ackergeräte ziehen, ohne dass sie einsinken oder ihre Ketten durchdrehen.

Im Führerhaus

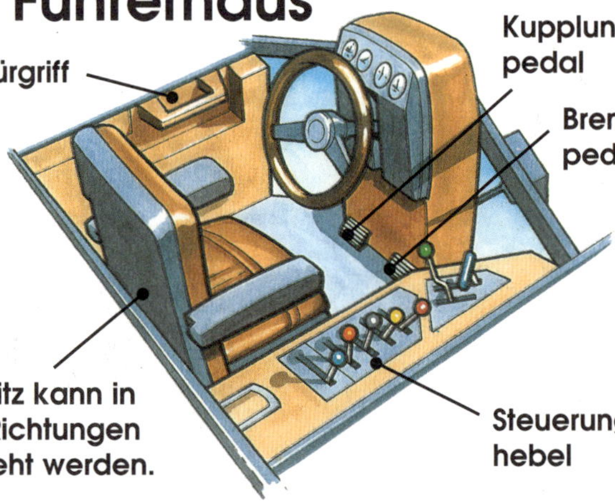

Landwirte müssen oftmals sehr lange arbeiten. Alle Instrumente im Führerhaus müssen leicht zu erreichen und zu bedienen sein. So sieht das Innere eines Raupenschlepper-Führerhauses aus.

Raupenmähdrescher

Manchmal haben auch Mähdrescher Raupenketten. Landwirte können sie benutzen, um Feldfrüchte auf sehr nassen Feldern zu ernten, wo normale Mähdrescher nur schwer vorankommen würden.

Obstbau-Maschinen

Landwirte, die Obst anbauen, brauchen verschiedene Sorten von Landmaschinen. Zwei davon kannst du hier sehen.

Johannisbeerernter

Obst kann beim Pflücken sehr leicht beschädigt werden. Dann kann man damit weniger Geld verdienen.

Diese Maschine kann Schwarze und Rote Johannisbeeren ernten, ohne sie zu zerquetschen.

Ein Blick ins Innere

Die Zweige jedes Strauchs werden von den Metallstreben in zwei Hälften auseinander gedrückt.

Plastikfinger über den Scheiben klopfen behutsam jeden Strauch ab. Die Beeren fallen in Schalen.

Die Schalen befördern die Beeren langsam herauf zu den Erntehelfern. Die packen die Beeren in Kisten.

Gebläsespritze

Dies ist eine Gebläsespritze. Sie ist dazu gedacht, Obstbäume oder Weinstöcke mit Chemikalien zu besprühen, um Insekten zu töten oder Krankheiten zu bekämpfen.

Bäume oder Weinstöcke sind so hoch, dass normale Feldspritzen wie die auf Seite 39 sie nicht erreichen können.

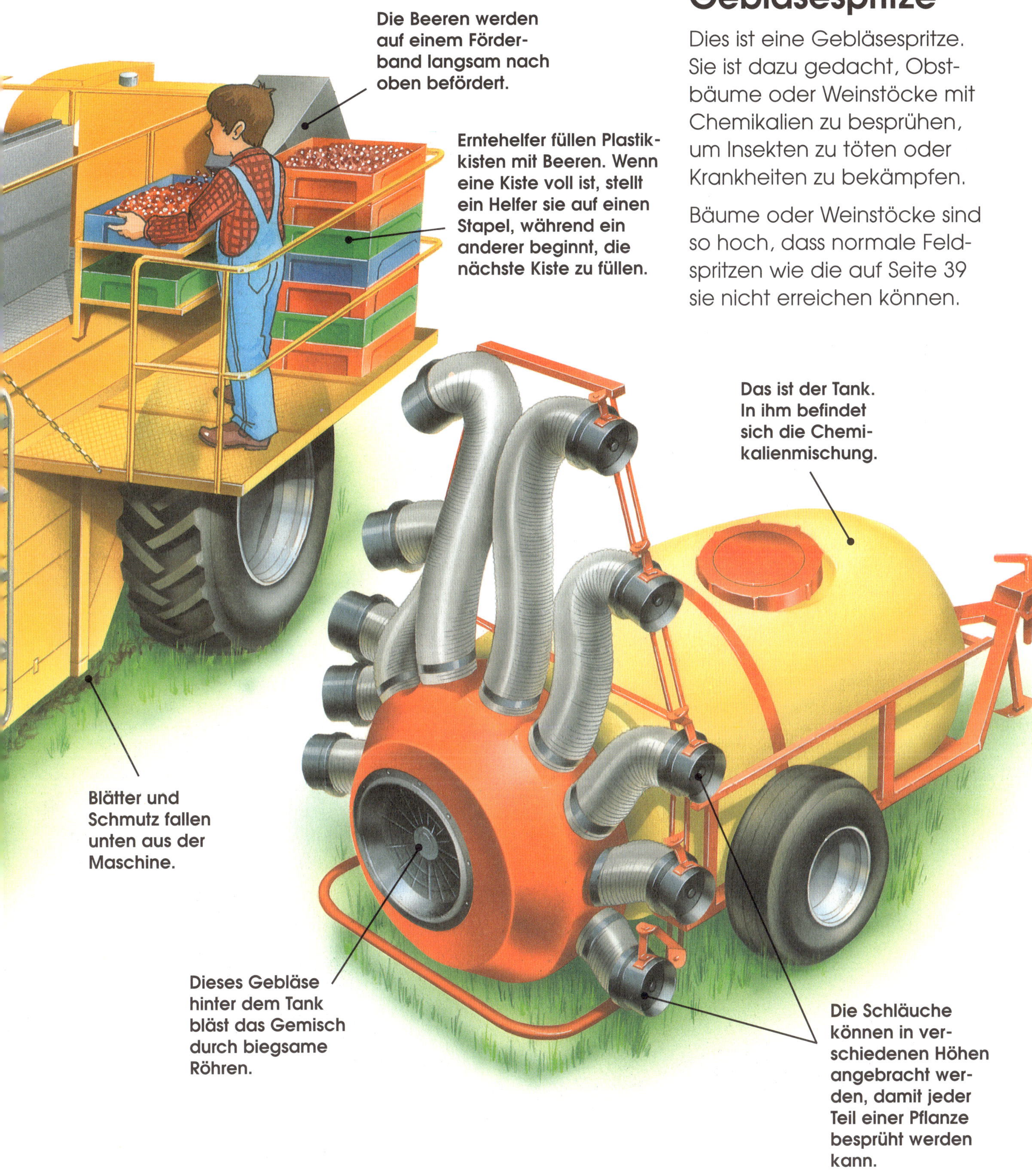

Spezialtraktoren

Landwirte brauchen für unterschiedliche Aufgaben spezielle Traktoren. Auf dieser Doppelseite findest du Beispiele dafür.

Dreirädriger Traktor

Dieser Traktor hat drei riesige Räder. Die Reifen sind so breit und so stark aufgepumpt, dass der Traktor den Boden so wenig wie möglich zusammendrückt.

Seine Aufgabe ist es, vor der Aussaat Dünger auf sehr großen Feldern zu streuen.

Minitraktor

Dieser Traktor ist für landwirtschaftliche Arbeit zu klein. Er wird verwendet, um das Gras auf Golfplätzen, in Parks oder in großen Gärten zu mähen.

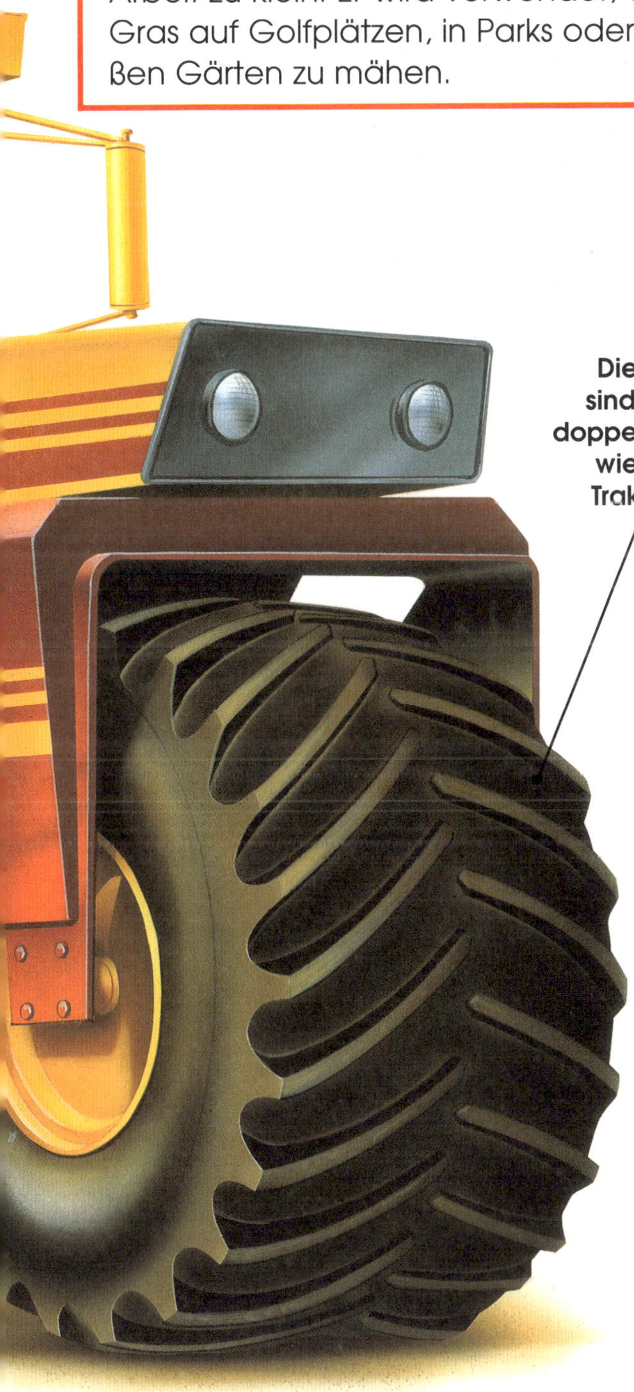

Obst- oder Weinbautraktor

Traktoren wie dieser können zwischen Reihen von Weinstöcken oder Obstbäumen eingesetzt werden. Sie sind sehr schmal, damit sie die Pflanzen nicht beschädigen.

Geländefahrzeug

Manche Landwirte fahren mit solchen Motorrädern zu ihren Feldern. Man nennt sie Geländefahrzeuge. Sie sind nicht auf Straßen angewiesen.

Traktoren früher und heute

Die Landwirtschaft hat sich in den letzten 100 Jahren sehr verändert. Traktoren und andere Landmaschinen machen den Beruf des Landwirts viel einfacher, als er einmal war. Auf diesen beiden Seiten sind einige der ersten Traktoren abgebildet, ebenso modernste Landmaschinen, mit denen heutzutage auf den Feldern gearbeitet wird.

Früher Traktor

Dieser Traktor wurde vor etwa 80 Jahren in Kanada gebaut. Zu dieser Zeit begannen immer mehr Landwirte, sich die Arbeit mit Maschinen zu erleichtern.

Der Traktor wurde mit einem Treibstoff angetrieben, den man Kerosin nennt.

Die Räder sind ganz aus Metall. Sie haben aber Profile durch aufgesetzte Rippen, um besser im Boden greifen zu können.

Dreirädriger Traktor

Dieser Traktor wurde 1914 gebaut. Er hat nur drei Räder. Er war sehr beliebt,weil er sehr robust war und besonders günstig im Unterhalt.

Der Motor dieses Traktortyps wird mit Benzin angetrieben.

Dieser Traktor wurde „The Bull" („Der Bulle") genannt.

Ein leichterer Traktor

In den 1930er-Jahren sahen viele Traktoren so aus. Sie hatten Gummireifen, die leichter sind als Reifen aus Metall. Dadurch ließ sich der Traktor einfacher fahren.

Gummireifen greifen besser im Boden als Metallräder.

Systemtraktor

Diese Maschinen sind heute auf vielen europäischen Bauernhöfen im Einsatz. Sie werden Systemtraktoren genannt. Landwirte können gleichzeitig Maschinen und Werkzeuge vorne und hinten an ihnen befestigen und auch auf ihnen. So können drei Aufgaben auf einmal erledigt werden.

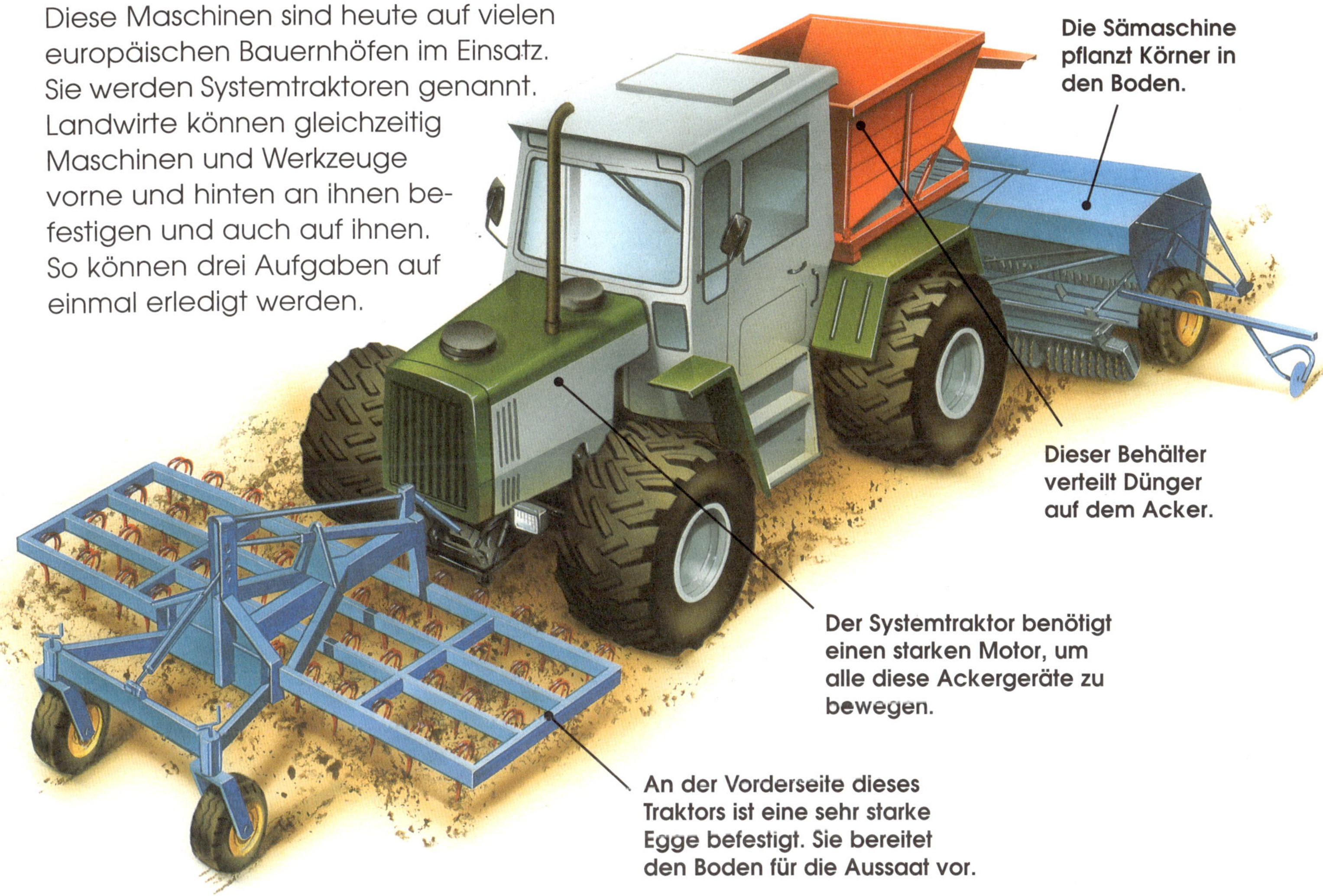

Die Sämaschine pflanzt Körner in den Boden.

Dieser Behälter verteilt Dünger auf dem Acker.

Der Systemtraktor benötigt einen starken Motor, um alle diese Ackergeräte zu bewegen.

An der Vorderseite dieses Traktors ist eine sehr starke Egge befestigt. Sie bereitet den Boden für die Aussaat vor.

Brücke

Diese breite Maschine wird Brücke genannt. Sie kann große Felder bearbeiten, ohne den Boden durch häufiges Hin- und Herfahren allzu stark zu beanspruchen.

Der Fahrer sitzt in diesem Führerhaus. Er hat einen guten Überblick über das Feld und die Brücke, während er fährt.

Manche Systemtraktoren besitzen besonders lange Brücken.

Brücken werden oft von Landwirten genutzt, die Blumen anbauen. Diese Art von Landwirtschaft nennt man Gartenbau.

Lastwagen

Lastwagen oder Lastkraftwagen (LKWs) werden benutzt, um alle möglichen Dinge von einem Ort zum anderen zu fahren. Sie transportieren oft sehr schwere Ladung, deshalb müssen sie starke Motoren und robuste Aufbauten haben.

Das ist das Führerhaus, in dem der Fahrer sitzt.

Dies sind Seitenspiegel. Der Fahrer kann in ihnen die Straße hinter dem Lastwagen sehen.

Die Frontscheiben sind sehr groß, damit der Fahrer einen guten Blick auf die Straße hat.

Das Führerhaus hat einen starken Metallrahmen. Dadurch ist der Fahrer bei einem Unfall geschützt.

Motor

Die Scheinwerfer haben ihre eigenen Scheibenwischer, um sie sauber zu halten.

LKW-Reifen sind groß und breit. So halten sie besonders viel Gewicht aus.

Verschiedenene Aufbauten

Der Aufbau dieses Lastwagens ist wie ein großer Kasten. Er bietet zusätzlichen Raum über dem Führerhaus.

Dieser LKW wird Pritschenwagen genannt. Er eignet sich für große Frachtstücke, die auf der Pritsche befestigt werden können.

Dieser Lastwagen hat niedrige Seitenwände, die man herunterklappen kann. Das macht das Be- oder Entladen leichter.

Motorkontrolle

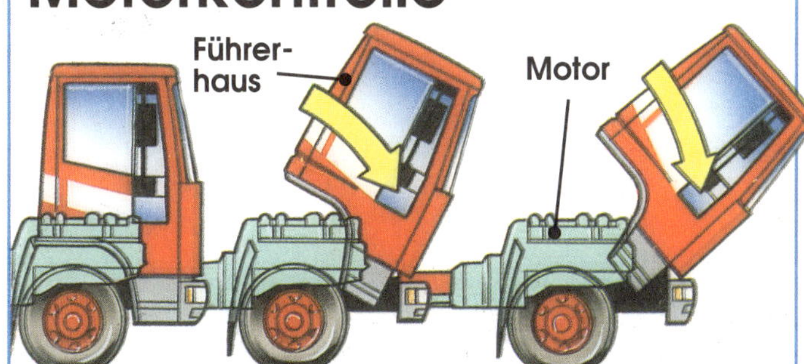

Wenn am Motor etwas kontrolliert werden muss, kann man das Führerhaus nach vorne kippen. Dadurch wird der Motor zugänglich.

Sattelzug- und Solo-LKWs

Es gibt zwei Sorten von Lastwagen: Sattelzug- und Solo-LKWs. Sattelzug-LKWs bestehen aus zwei Teilen, die miteinander verbunden und wieder getrennt werden können. Bei Solo-LKWs sind Führerhaus und Aufbau starr und untrennbar miteinander verbunden.

Auf dem Aufbau kann man oft lesen, wem der Lastwagen gehört und was er transportiert.

Sattelzug

Die beiden Teile des Sattelzugs sind miteinander verbunden. Durch das Gelenk kann der lange LKW leichter durch Kurven fahren.

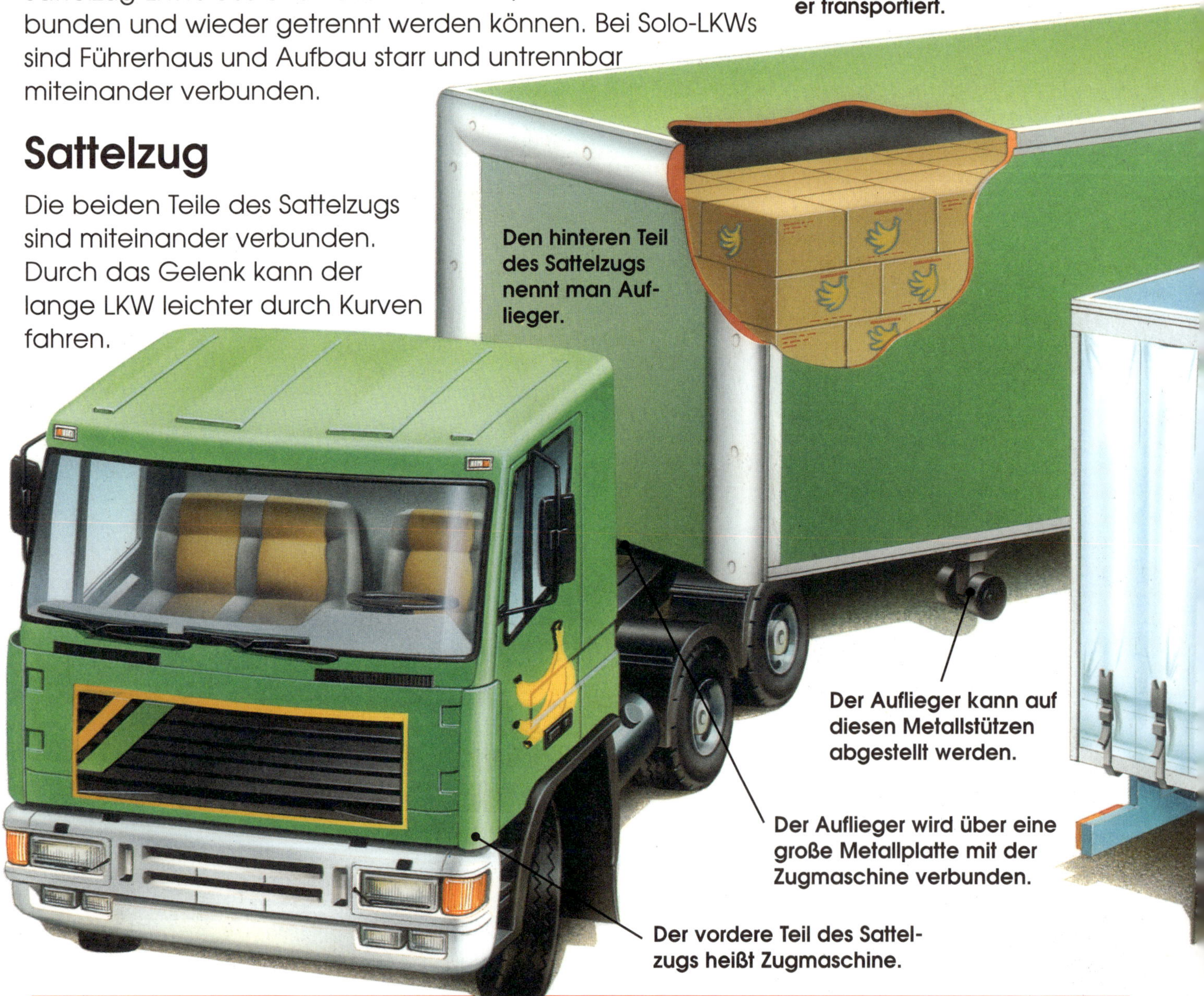

Auflieger austauschen

Die Zugmaschine fährt rückwärts unter den neuen Auflieger.

Wenn der Sattelzug an seinem Ziel ankommt, werden Auflieger und Zugmaschine getrennt. Der Fahrer entlädt den Auflieger nicht, sondern lässt ihn zurück.

Ein neuer Auflieger wird angeschlossen. Der Sattelzug ist bereit für seine nächste Tour. Sattelzüge können so in kürzerer Zeit mehr Waren ausliefern.

LKW mit Schiebeplane

Hier siehst du eine spezielle Sorte von Solo-LKWs. Sie hat einen besonderen Aufbau mit Seiten, die man wie Gardinen zur Seite schieben kann, den Schiebeplanen.

Der Schiebeplanen-LKW wird von einem Gabelstapler beladen.

Die Planen können so weit zurückgeschoben werden, dass die gesamte Seite offen ist.

Die meisten Lastwagen kann man nur an ihrer Rückseite öffnen. Schiebeplanen-LKWs können auch seitlich geöffnet werden und sind daher einfacher zu beladen.

Tanklastwagen

Ein Tanklastwagen hat einen Aufbau, der wie eine große Dose geformt ist. Tanklastwagen können Flüssigkeiten, staubfeine Stoffe und Gase aufnehmen. Sie transportieren häufig Benzin oder Diesel. Dieser Tanklastwagen beliefert eine Tankstelle.

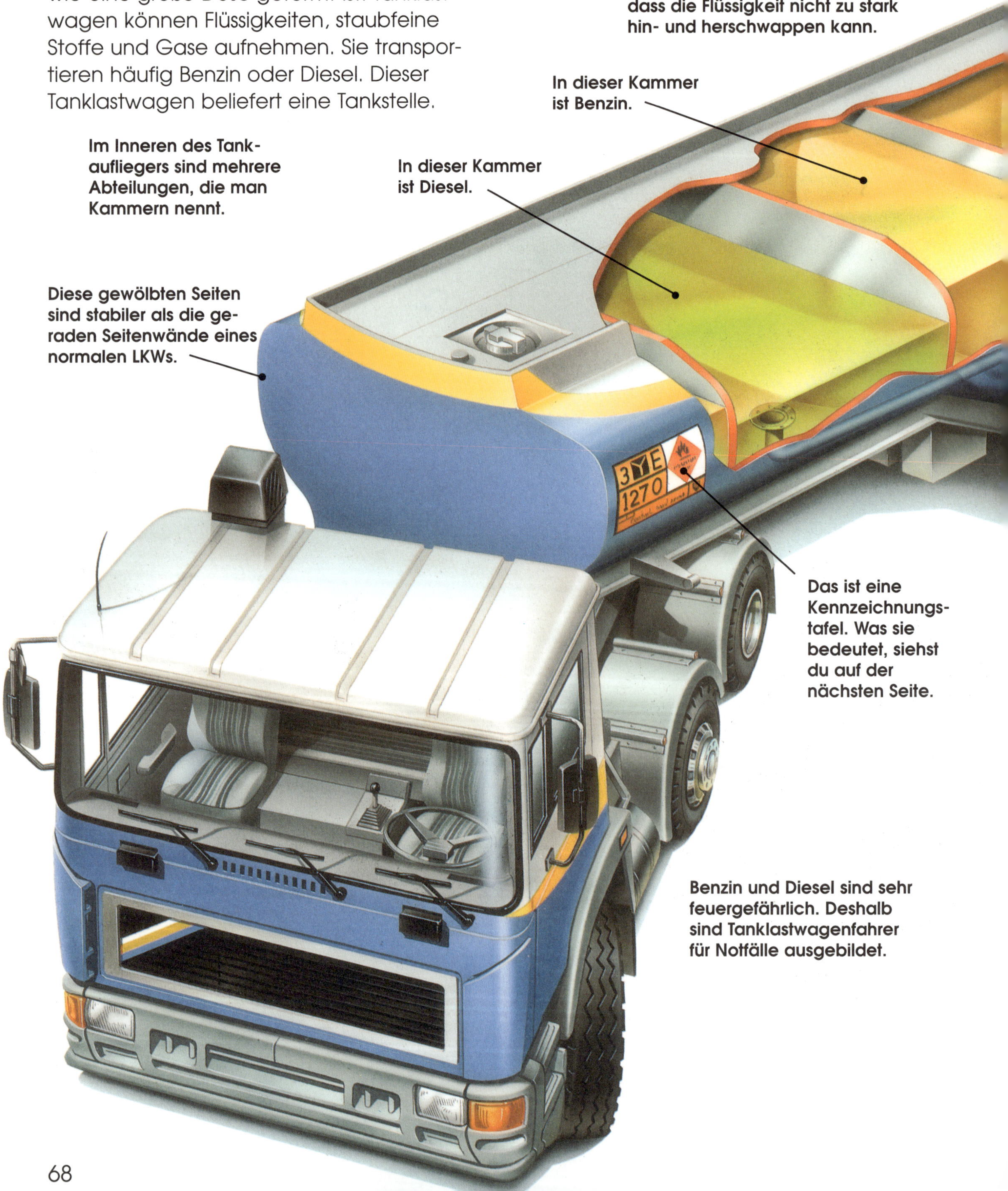

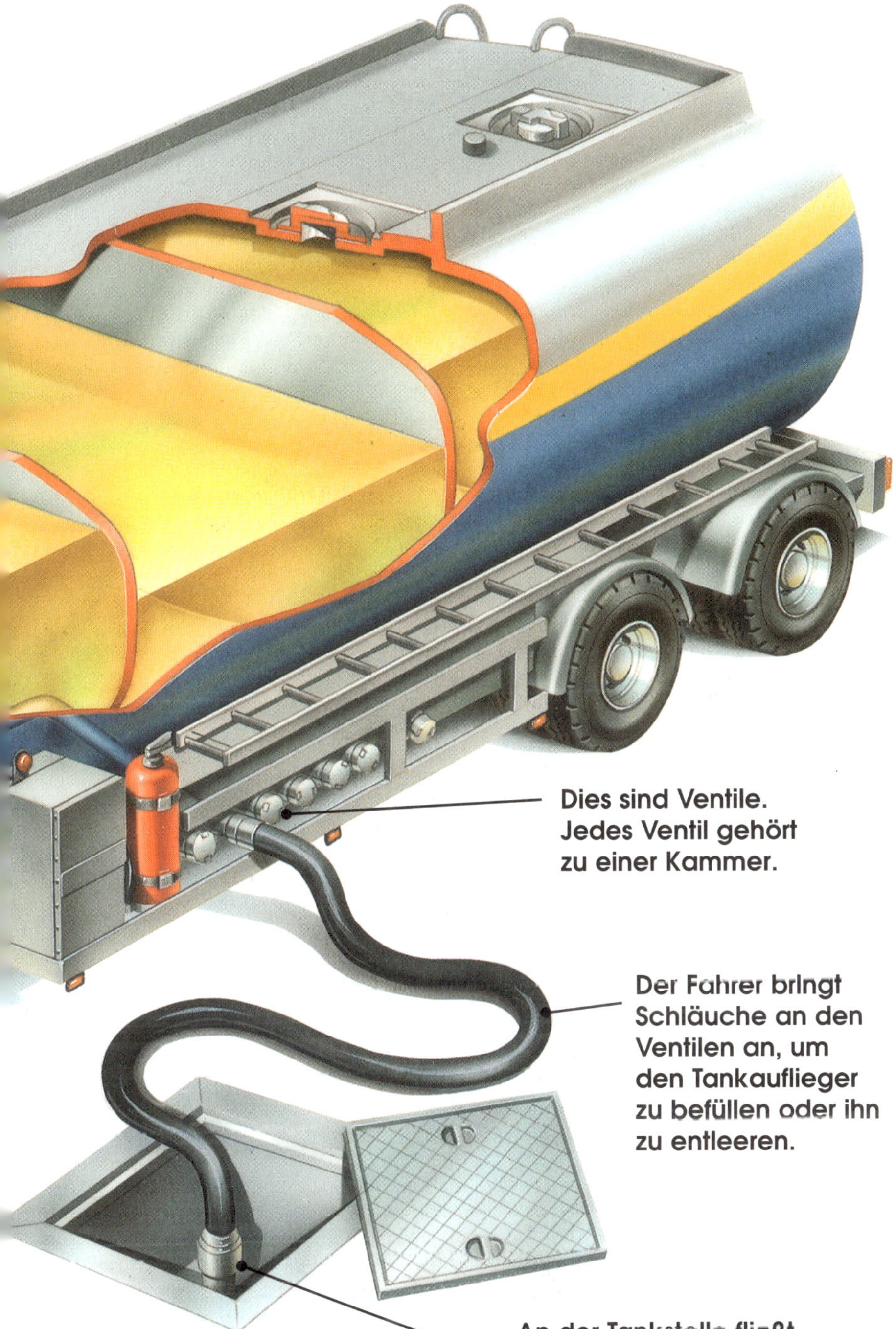

Tankbelieferung

Ein Schlauch führt vom Tanker direkt in den Lagertank, und das Benzin fließt dort hinein.

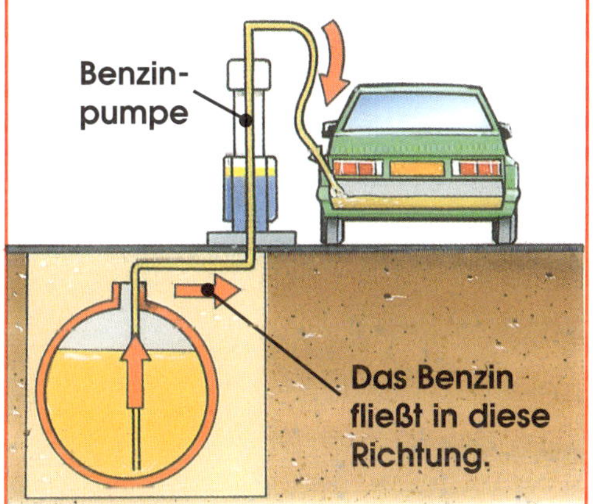

Wenn jemand Benzin zapft, fließt es durch Tanksäule, Schlauch und Zapfhahn in den Tank des Autos.

Kennzeichnungs-tafeln

LKWs oder Tanklaster tragen Kennzeichnungen, damit man sehen kann, was sie transportieren. Sollte der LKW oder Tank in Brand geraten, wissen die Feuerwehrleute sofort, wie sie die Flammen löschen können.

Dieses Zeichen zeigt, dass der Tank eine leicht entflammbare Flüssigkeit enthält.

Dieses Zeichen warnt davor, dass die feste Ladung des LKWs leicht entflammbar ist.

Dieses Zeichen weist darauf hin, dass der Tank giftiges Gas beinhaltet.

Muldenkipper

Der wannenförmige Aufbau dieses LKWs heißt Mulde. Sie kann gekippt werden, so dass die Ladung ausgeschüttet wird. Dieser riesige Muldenkipper arbeitet in einem Steinbruch.

Auskippen

Der Muldenkipper wird von einem großen Ladebagger beladen. Er füllt die Mulde mit Steinen.

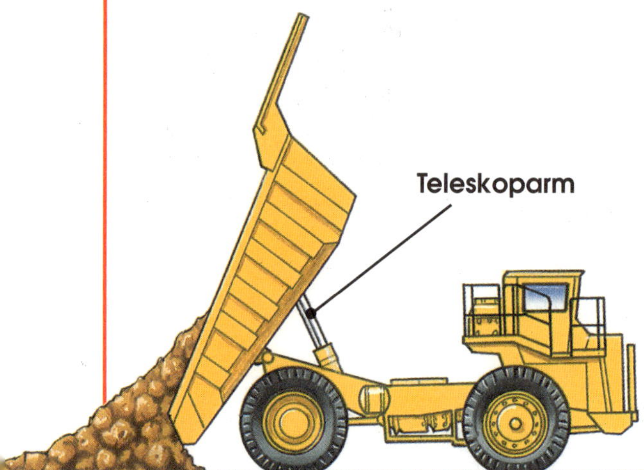

Um den Muldenkipper zu entleeren, hebt ein Teleskoparm genannter Metallschaft die Mulde an. Die Ladung rutscht heraus.

Verschiedene Kipper

Kipper können sehr verschieden sein. Es gibt sie in unterschiedlichen Größen und Ausführungen für die verschiedensten Ladungen wie Kies, Sand oder Früchte. Hier kannst du drei davon sehen.

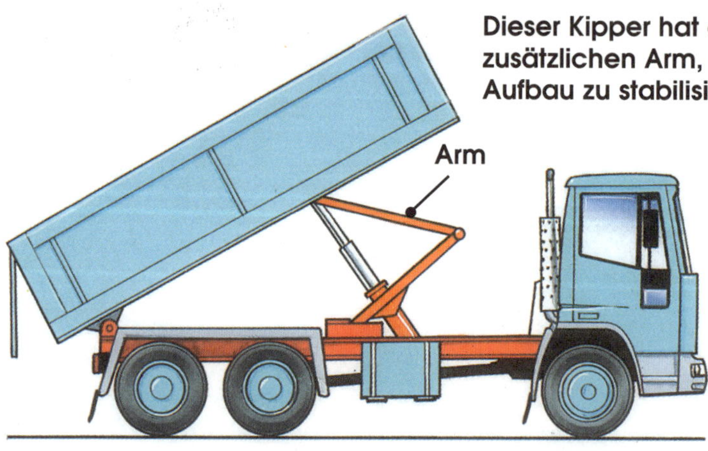

Dieser Kipper hat einen zusätzlichen Arm, um den Aufbau zu stabilisieren.

Dieser Kipper kann seine Ladung seitlich abladen.

Der besonders lange Teleskoparm des Kippers kann den Aufbau extrem hoch heben.

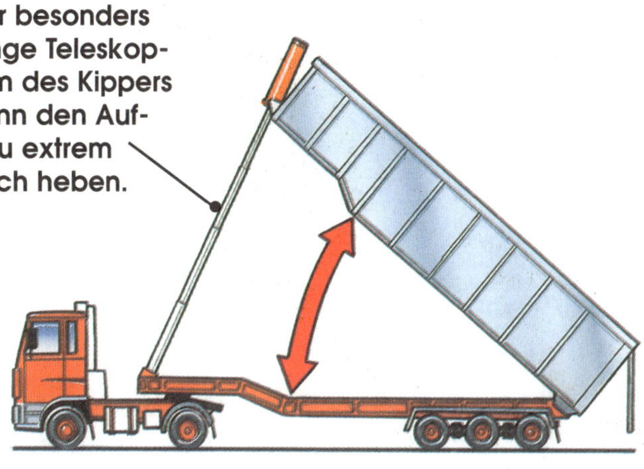

Abschleppwagen

Dieser Lastwagen kommt zum Einsatz, wenn ein Auto eine Panne oder einen Unfall hat. Der LKW kann das Auto auf die Straße zurückziehen und wegschleppen.

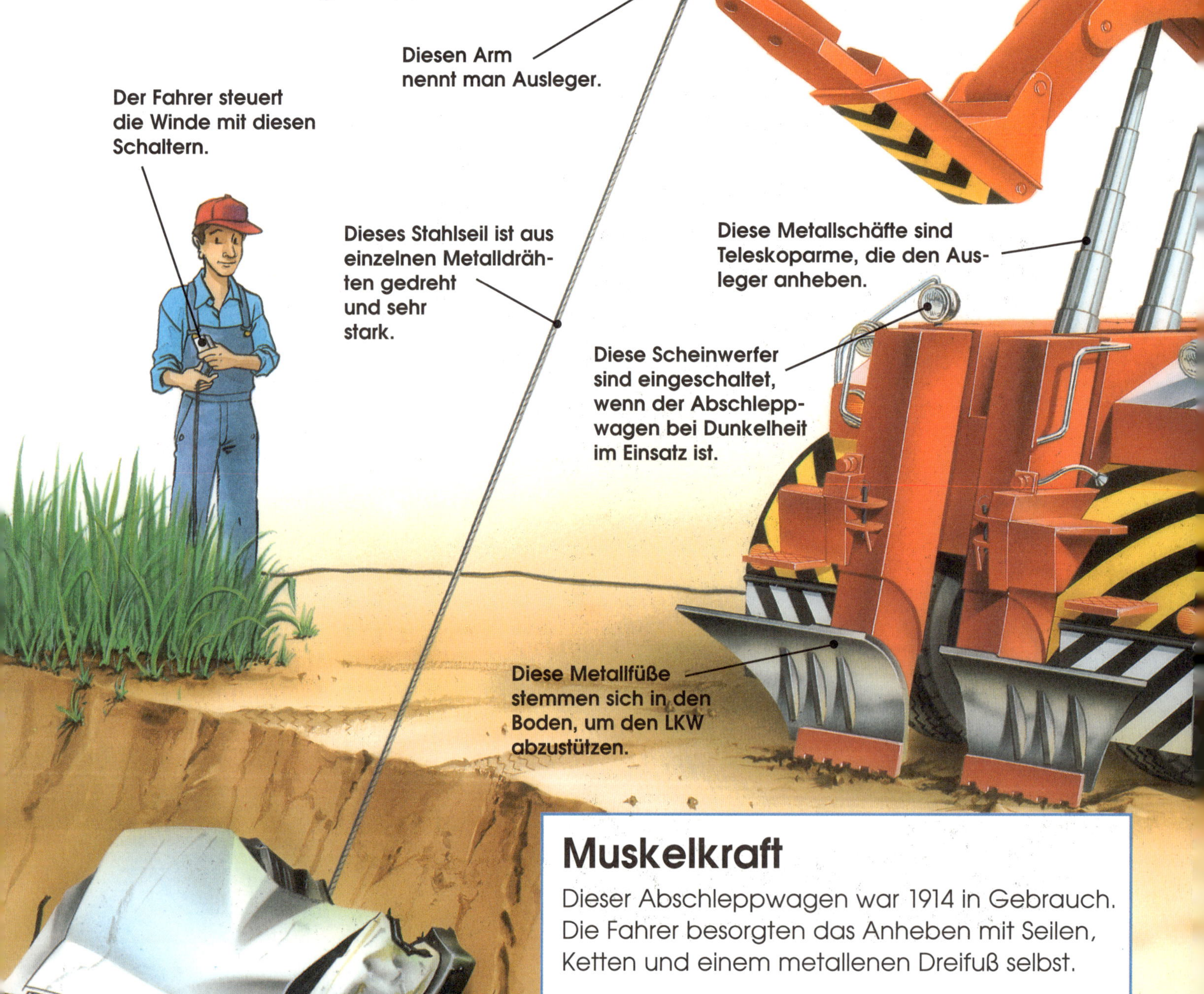

Muskelkraft

Dieser Abschleppwagen war 1914 in Gebrauch. Die Fahrer besorgten das Anheben mit Seilen, Ketten und einem metallenen Dreifuß selbst.

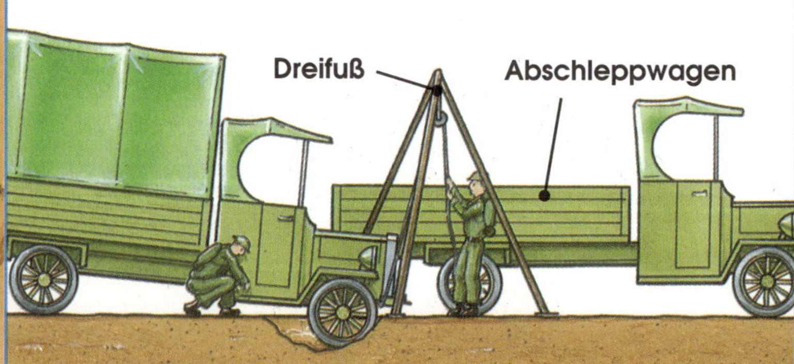

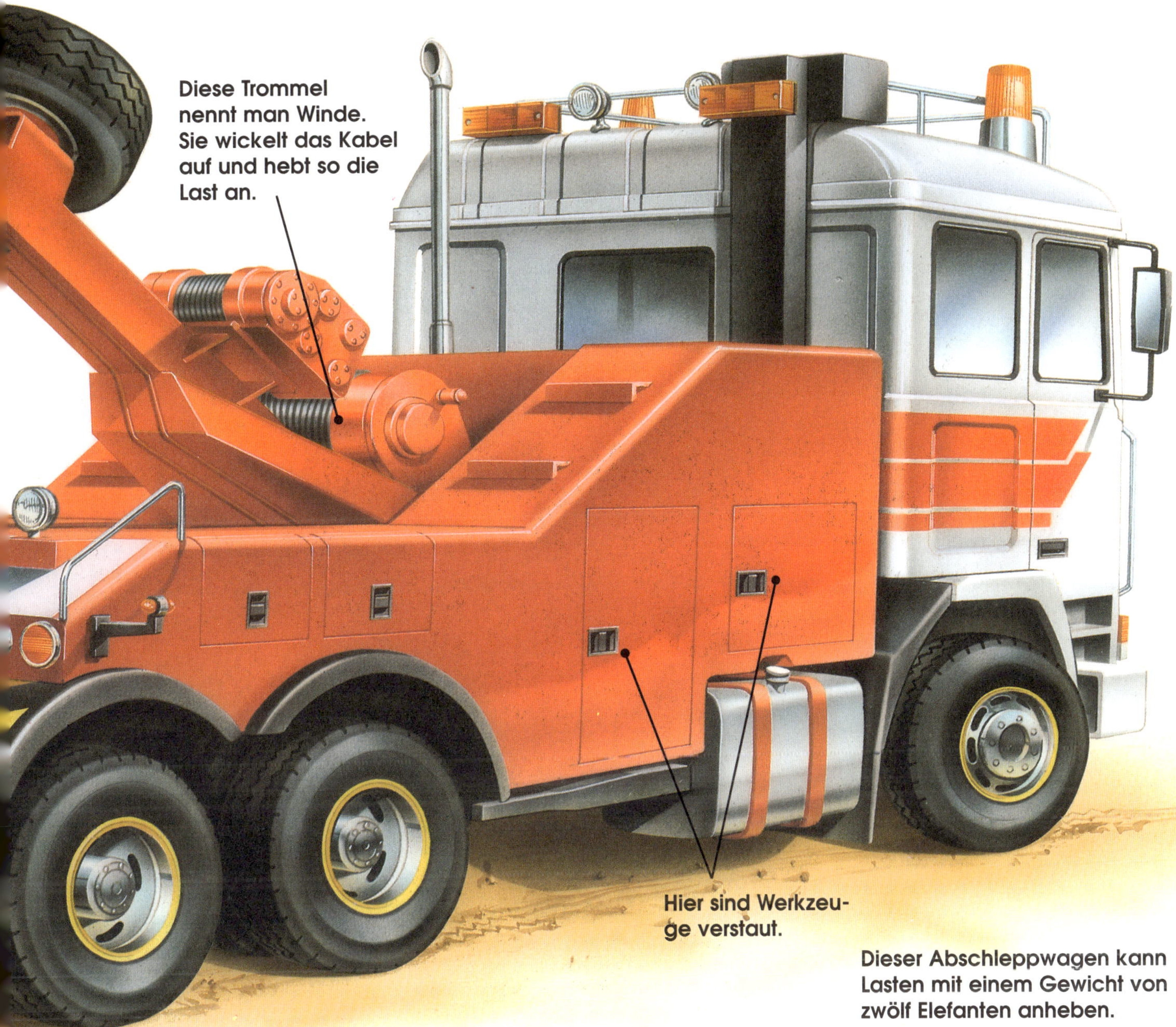

Dieser Abschleppwagen kann Lasten mit einem Gewicht von zwölf Elefanten anheben.

Abschleppen

Dieser Abschleppwagen ist so lang wie der Bus, den er abschleppt.

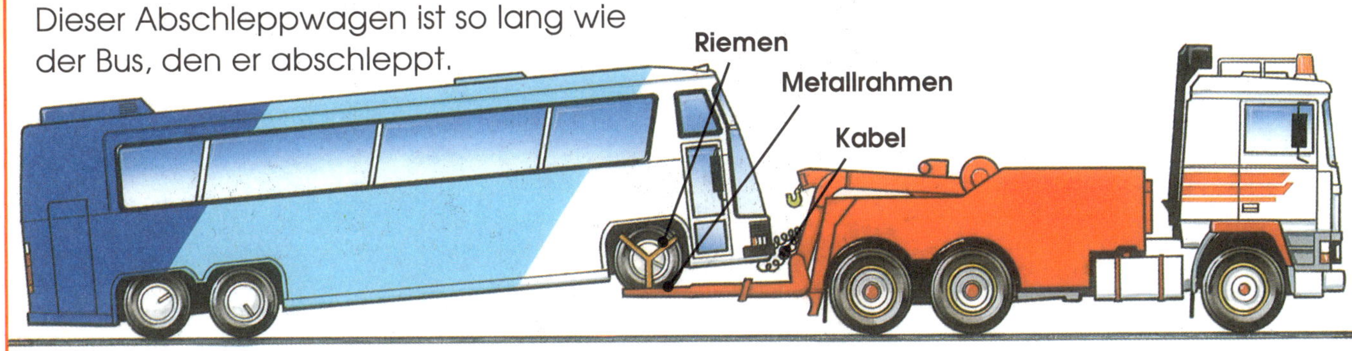

Die Vorderräder des Busses werden auf einen Metallrahmen gehoben und anschließend mit Riemen festgezurrt.

Kabel übertragen die Kraft vom Motor des LKWs auf den Bus. Dadurch funktionieren dessen Bremsen und Scheinwerfer.

Autotransporter

Einige Lastwagen sind speziell für den Transport von Autos ausgerüstet. Dieser LKW bringt Autos von einer Fabrik zu einem Händler, wo sie verkauft werden.

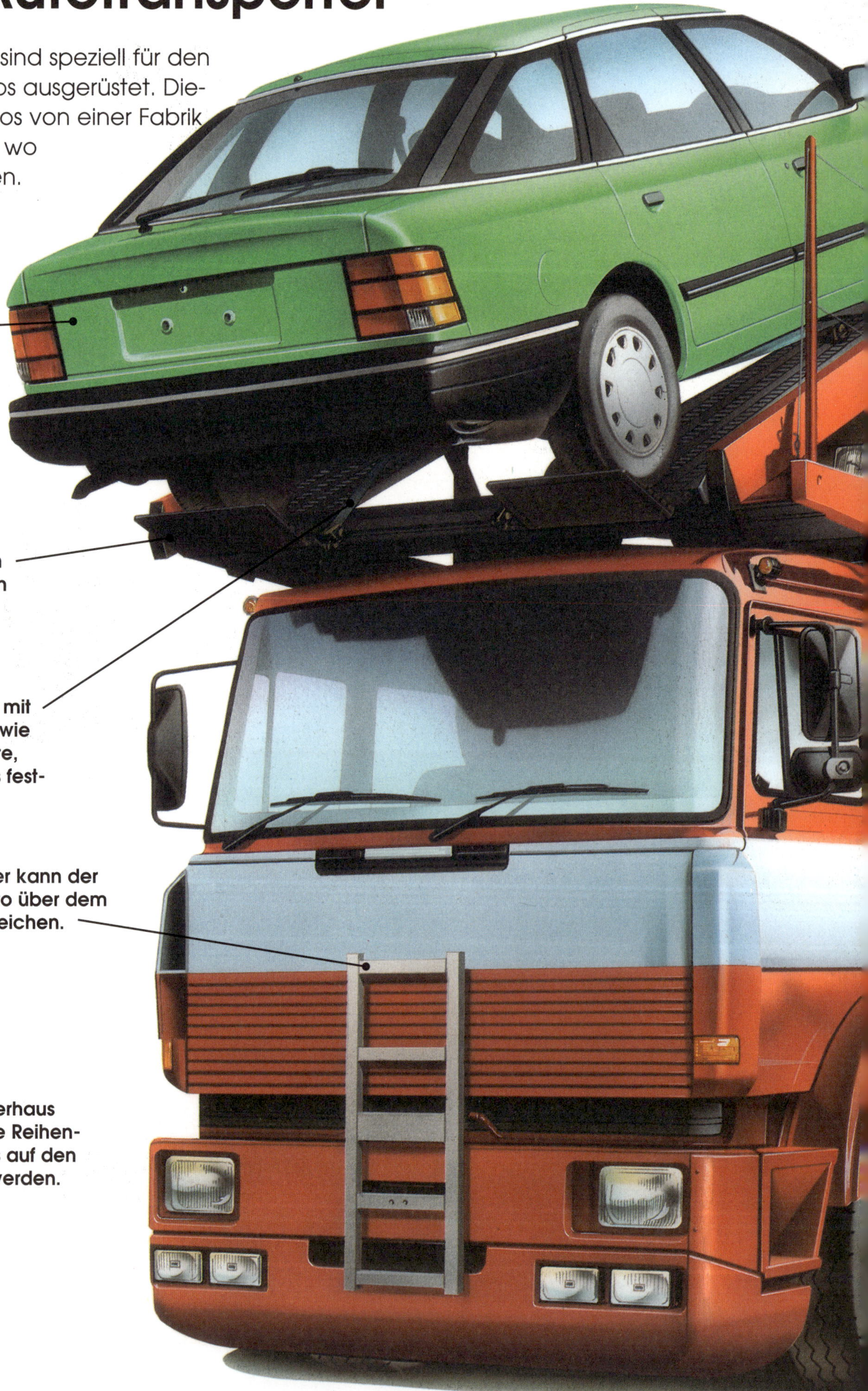

Der Fahrer muss vorsichtig um enge Straßenecken fahren, damit dieses Auto nirgendwo anstößt.

Jedes Auto steht auf einer eigenen Plattform, die man Deck nennt.

Die Autos sind mit Riemen, etwa wie Sicherheitsgurte, auf den Decks festgezurrt.

Mit dieser Leiter kann der Fahrer das Auto über dem Führerhaus erreichen.

Ein Computer im Führerhaus ermittelt die günstigste Reihenfolge, in der die Autos auf den Transporter geladen werden.

Dieser Transporter kann zwölf Autos transportieren.

Ein älteres Modell

Dieser Transporter wurde 1948 gebaut. Er konnte nur vier Fahrzeuge gleichzeitig transportieren.

Die Decks sind geneigt, damit mehr Autos auf den Transporter passen.

Die Autos werden über die Rückseite auf den LKW gefahren.

Das unterste Deck ist dicht über dem Boden, so dass möglichst viele Autos übereinander passen.

Es dauert ungefähr eine Stunde, bis der Transporter beladen ist.

Rennwagentransporter

Dieser Lastwagen transportiert Rennwagen in seinem großen Auflieger. Während eines Rennens dient der LKW als Werkstatt. Er ist auch mit allen Werkzeugen und Ersatzteilen beladen, die man braucht, um die Rennwagen zu reparieren.

Autorennen finden auf der ganzen Welt statt, deshalb legt so ein Transporter jedes Jahr ungeheuer weite Strecken zurück.

Der Lastwagen trägt außen den Namen des Rennstalls und ist in dessen Farben lackiert.

Die Wagen haben verschiedene Sorten von Reifen für trockenes und nasses Wetter.

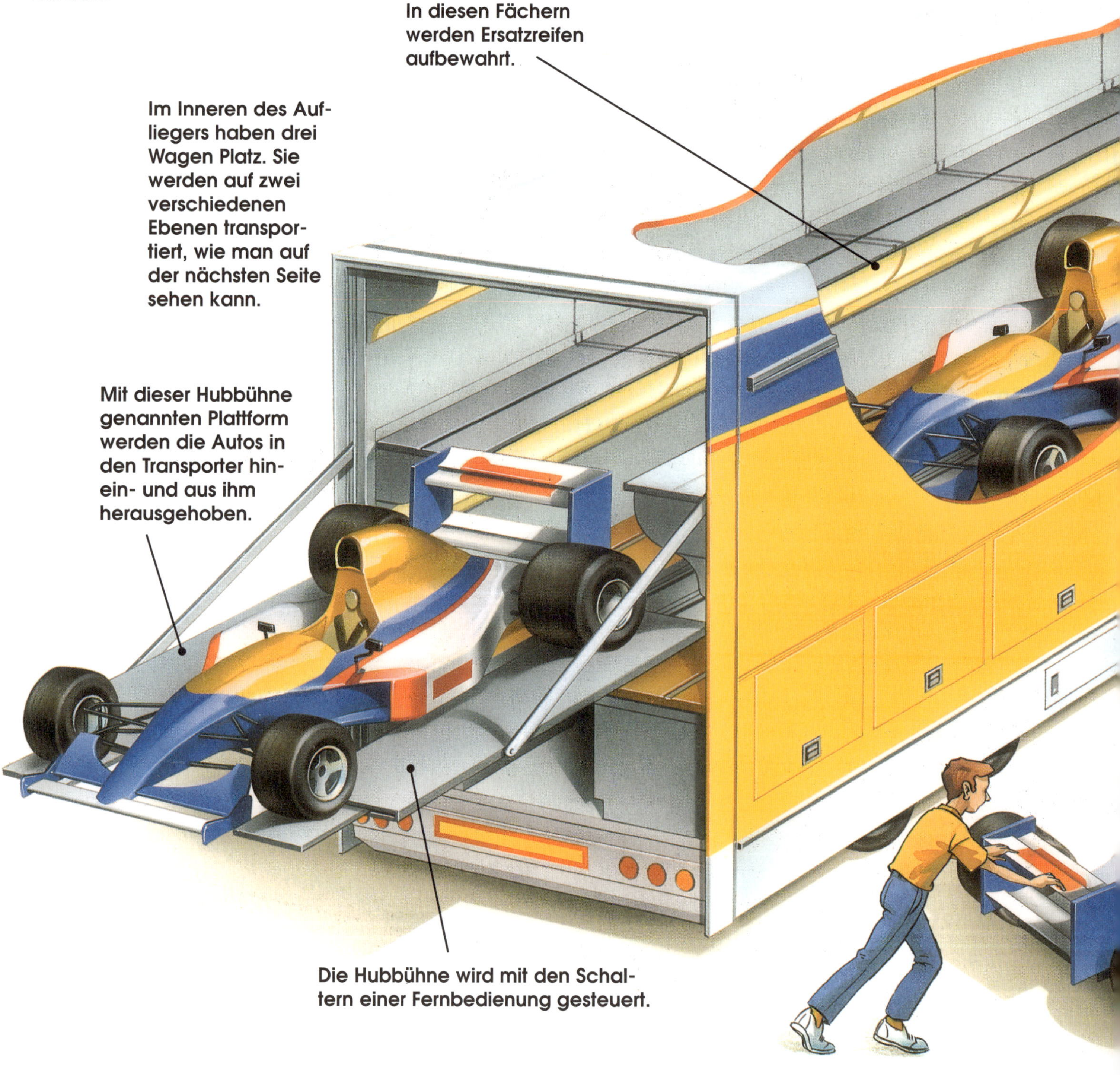

In diesen Schränken sind Werkzeuge für Arbeiten an den Rennwagen.

Auf langen Fahrten wechseln sich zwei Fahrer am Lenkrad ab. Das spart Zeit.

Das sind Presslufttanks, um die Rennreifen aufzupumpen.

Nach dem Ausladen werden die Wagen zur Rennstrecke geschoben und auf das Rennen vorbereitet.

Ausladen auf der Rennstrecke

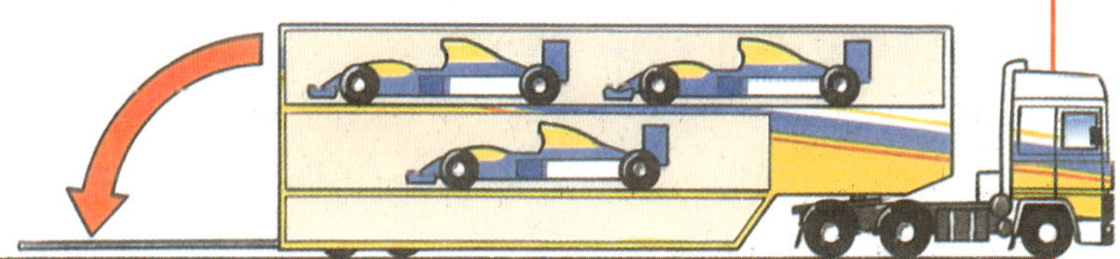

Die Ladeklappe des Aufliegers kippt herunter und wird zur Hubbühne.

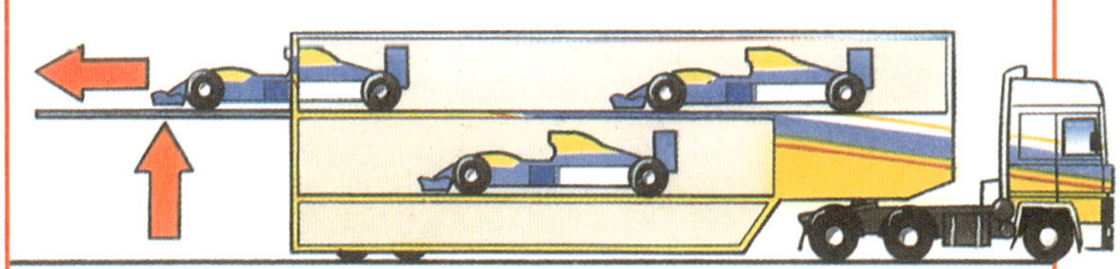

Die Hubbühne wird angehoben, und das erste Auto fährt darauf.

Die Hubbühne wird abgesenkt. Der Wagen kann jetzt weggeschoben werden.

Tieflader

Ein Tieflader hat einen besonders niedrigen Auflieger. Dadurch kann man ihn sehr leicht be- und entladen. Er kann extrem schwere Lasten wie diesen Bagger tragen.

Hinauffahren

Der Bagger fährt über eine Rampe auf den Tieflader.

Dann dreht er sich auf der Stelle in die richtige Transportposition.

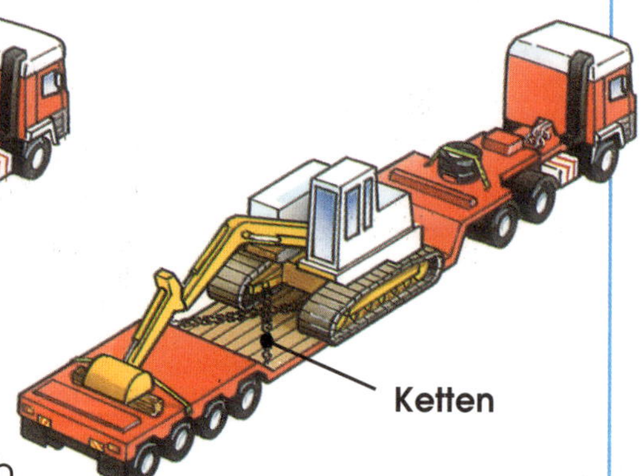

Er wird mit Ketten am Tieflader befestigt.

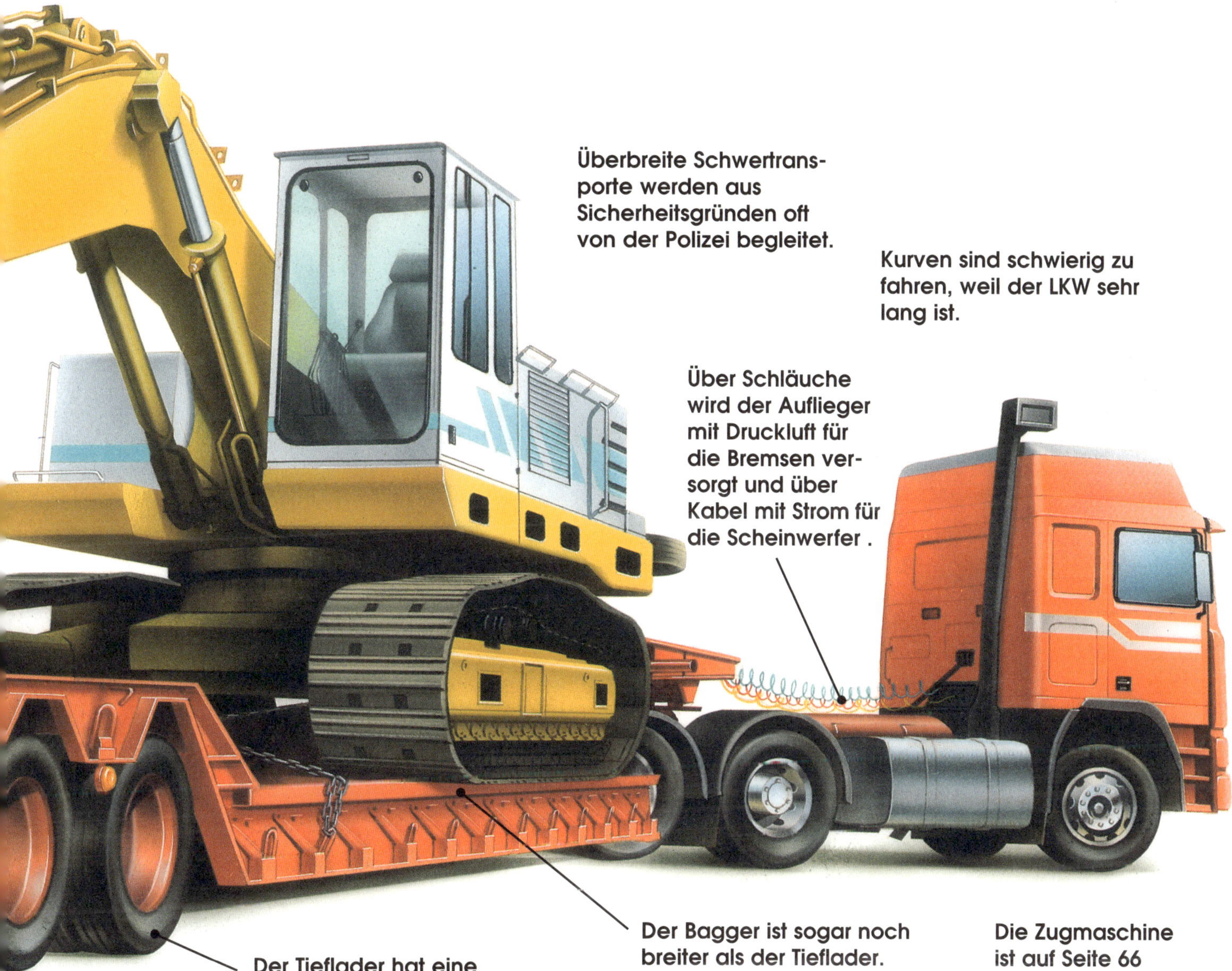

Überbreite Schwertransporte werden aus Sicherheitsgründen oft von der Polizei begleitet.

Kurven sind schwierig zu fahren, weil der LKW sehr lang ist.

Über Schläuche wird der Auflieger mit Druckluft für die Bremsen versorgt und über Kabel mit Strom für die Scheinwerfer .

Der Tieflader hat eine Menge Räder, um sein Gewicht zu tragen.

Der Bagger ist sogar noch breiter als der Tieflader.

Die Zugmaschine ist auf Seite 66 beschrieben.

Space-Shuttle-Transporter

Eine der größten Lasten, die von einem Lastwagen transportiert werden, ist dieses Space-Shuttle. Der LKW fährt es zur Startrampe.

Der Lastwagen ist ausschließlich für das Space Shuttle entwickelt worden, er transportiert nichts anderes.

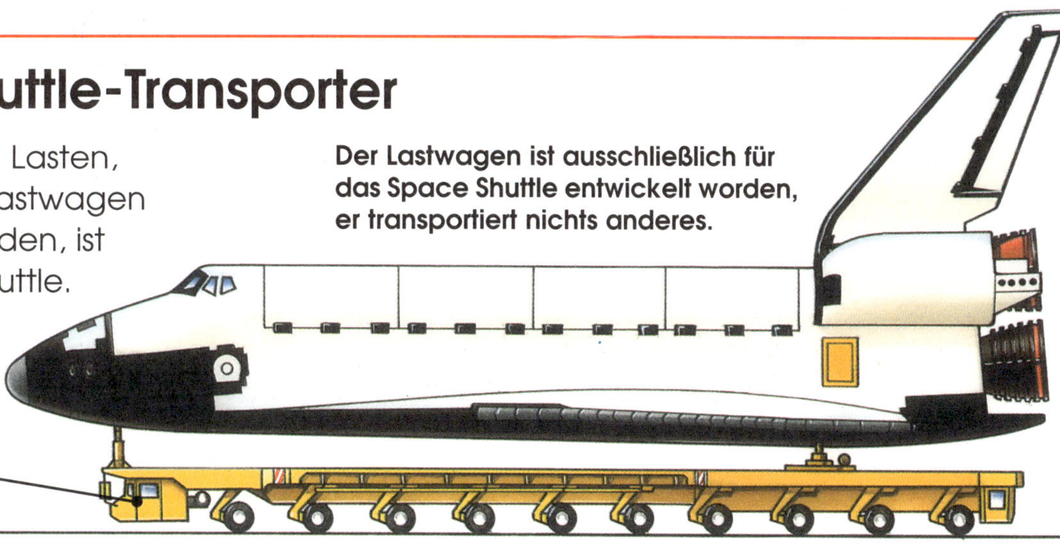

Führerhaus

Gelände-LKWs

Geländelastwagen können auf den unterschiedlichsten Böden fahren, ohne liegen zu bleiben. Sie haben starke Motoren und große, breite Räder. Ihre Aufbauten sind besonders robust, damit sie unter harten Bedingungen nicht beschädigt werden. Außerdem können sie sich selbst be- und entladen.

Dieser LKW kann sogar mit schwerer Ladung steile Anstiege bewältigen.

Abladen

Ein Metallarm hebt das Frachtgestell an und schiebt es nach hinten herunter, bis es den Boden berührt.

Der LKW fährt unter dem Frachtgestell heraus.

Aufladen

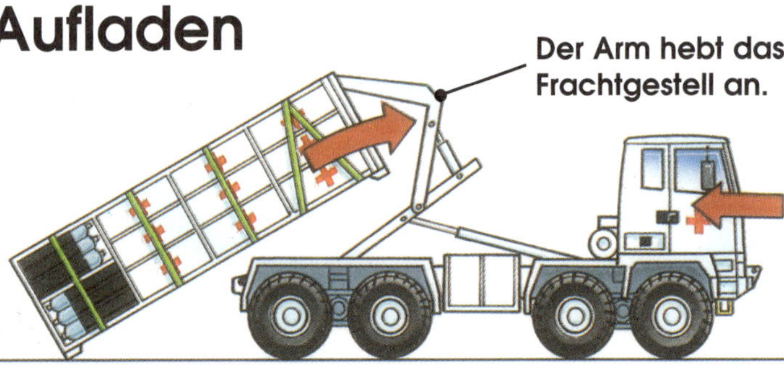

Um aufzuladen, hebt der Metallarm das Frachtgestell wieder an, und der LKW fährt rückwärts darunter.

Dann zieht der Metallarm das Frachtgestell auf den Aufbau, und der LKW kann starten.

Dieser Lastwagen bringt medizinische Güter durch die Wüste. Fast auf der ganzen Strecke gibt es keine ordentlichen Straßen.

Im großen Führerhaus ist Platz für fünf Personen.

Diese Metallstreben schützen die Scheinwerfer vor Steinschlag.

Das Chassis ist hoch über dem Boden, damit es nicht auf Felsen aufsetzt.

Dieser LKW ist äußerst robust. Er kann selbst auf unwegsamstem Untergrund noch fahren.

Die acht Räder sind groß und haben breite Reifen. Ihr starkes Profil greift auch auf nassem und schlammigem Boden.

Individuell gestaltete Lastwagen

Manche Fahrer oder Besitzer lassen Außenteile ihres LKWs mit Edelstahl oder Chrom verzieren. Durch diese glänzenden Teile unterscheidet sich ihr Lastwagen von allen anderen und sieht besonders gut aus.

Die Zugmaschine ist sehr lang. Dadurch hat sie auf unebenen Straßen eine bessere Straßenlage und ist bequemer für den Fahrer.

Zugmaschinenformen

Bei dieser Zugmaschine sitzt der Motor vor dem Führerhaus, die Motorhaube bildet eine lange Schnauze.

Bei dieser Zugmaschine sitzt der Motor direkt unter dem Führerhaus. Man nennt diese Form Frontlenker.

Schwere Ladungen

Diese großen Lastwagen sind sehr stark. Sie können unterschiedlichste Formen von schweren Ladungen in oder auf verschiedenen Aufliegern transportieren. Dabei fahren sie oft sehr weite Strecken.

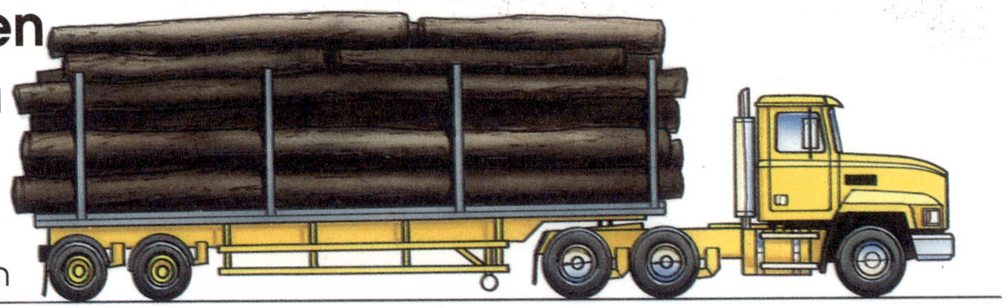

Dieser Auflieger ist mit Baumstämmen beladen.

Der Auflieger des Lastwagens ist voller Sand.

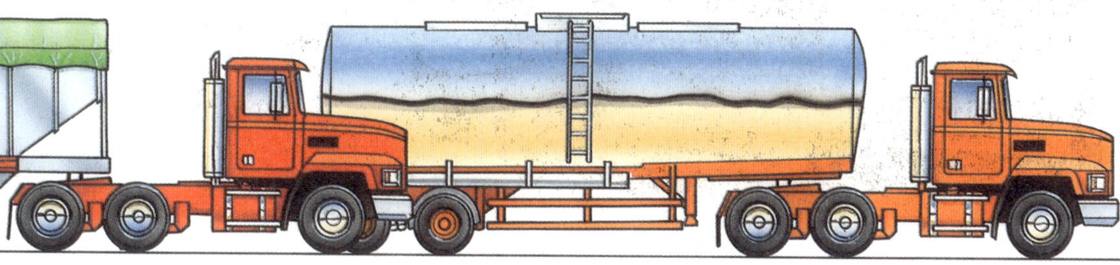

Dieser LKW ist ein Tankwagen wie auf Seite 68.

Düsen-Lastwagen

Das ist ein Renn-LKW. Er ist nur für hohe Geschwindigkeiten gebaut und kann nicht wie normale LKWs zum Transport von Gütern benutzt werden. Er wird Düsen-LKW genannt, weil er als Antrieb die Düse eines Kampfflugzeugs hat.

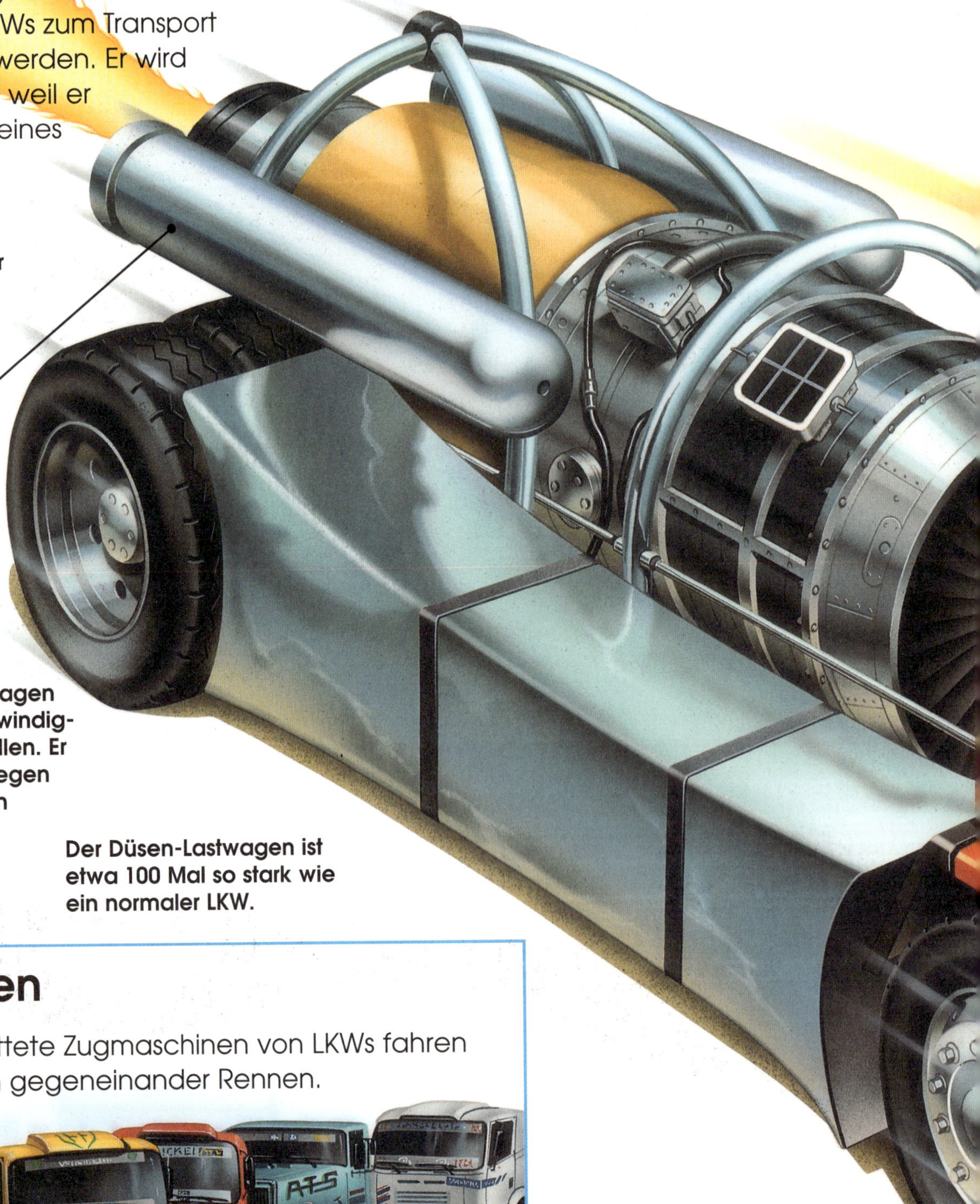

Dieser LKW hat mehr Antriebskraft als ein Schnellzug.

In diesen Röhren sind Fallschirme. Sie entfalten sich, um den LKW abzubremsen.

Mit dem Düsen-Lastwagen wird versucht, Geschwindigkeitsrekorde aufzustellen. Er fährt keine Rennen gegen andere LKWs, sondern immer allein.

Der Düsen-Lastwagen ist etwa 100 Mal so stark wie ein normaler LKW.

Um aus der Höchstgeschwindigkeit zum Halt zu kommen, benötigt der LKW einen Bremsweg von etwa 500 Metern.

LKW-Rennen

Speziell ausgestattete Zugmaschinen von LKWs fahren auf Rennstrecken gegeneinander Rennen.

Es verlangt von den Fahrern großes Können, die Zugmaschinen bei hohen Geschwindigkeiten zu steuern.

Um bei einem Unfall geschützt zu sein, trägt der Fahrer einen Helm und einen Spezialanzug.
Der Lastwagen erreicht eine Höchstgeschwindigkeit von etwa 240 km/h.
PRO-JET
Die Zugmaschine hat ein normales Führerhaus, das aber zur Verringerung des Luftwiderstands mit zusätzlichen Blechen verkleidet ist.

Feuerwehr-LKWs

Lastwagen sind für die Feuerwehr sehr wichtig. Sie bringen die Feuerwehrleute schnell zur Brandstelle und haben die gesamte Ausrüstung an Bord.

Für eilige Notfälle sind sie mit einer lauten Sirene ausgestattet. Andere Verkehrsteilnehmer werden so gewarnt und machen Platz.

Spezialaufgaben

Dieser Gelände-Feuerwehr-LKW (siehe Seite 80) wird in schwierigem Gelände, zum Beispiel bei Waldbränden, eingesetzt.

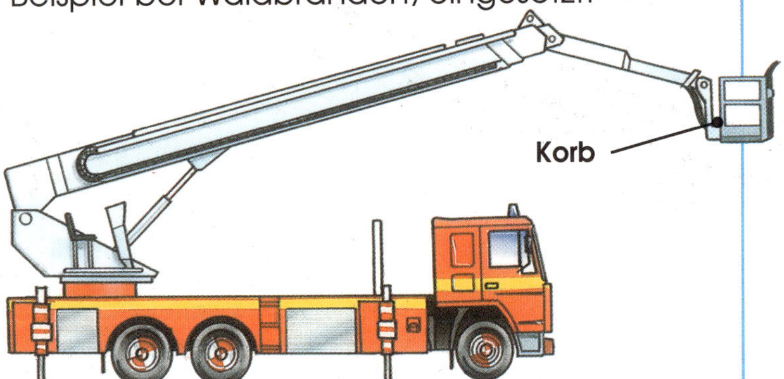

Mit diesem Feuerwehr-LKW kann man einen Korb anheben und absenken. So erreicht man die oberen Fenster hoher Gebäude.

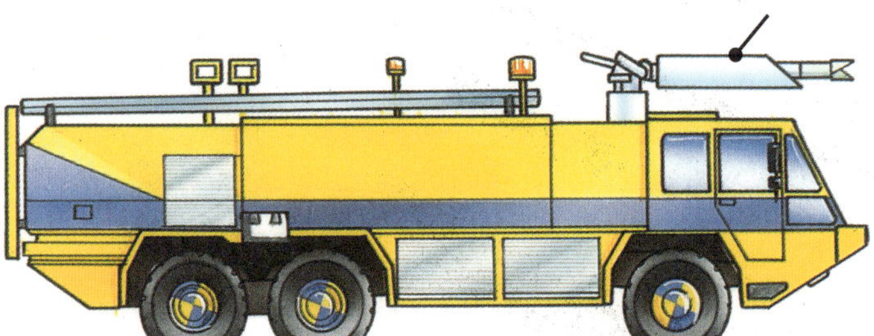

Solche Feuerwehr-LKWs stehen für den Fall eines Brandes auf Flughäfen bereit. Sie haben eine starke Wasserkanone auf dem Dach.

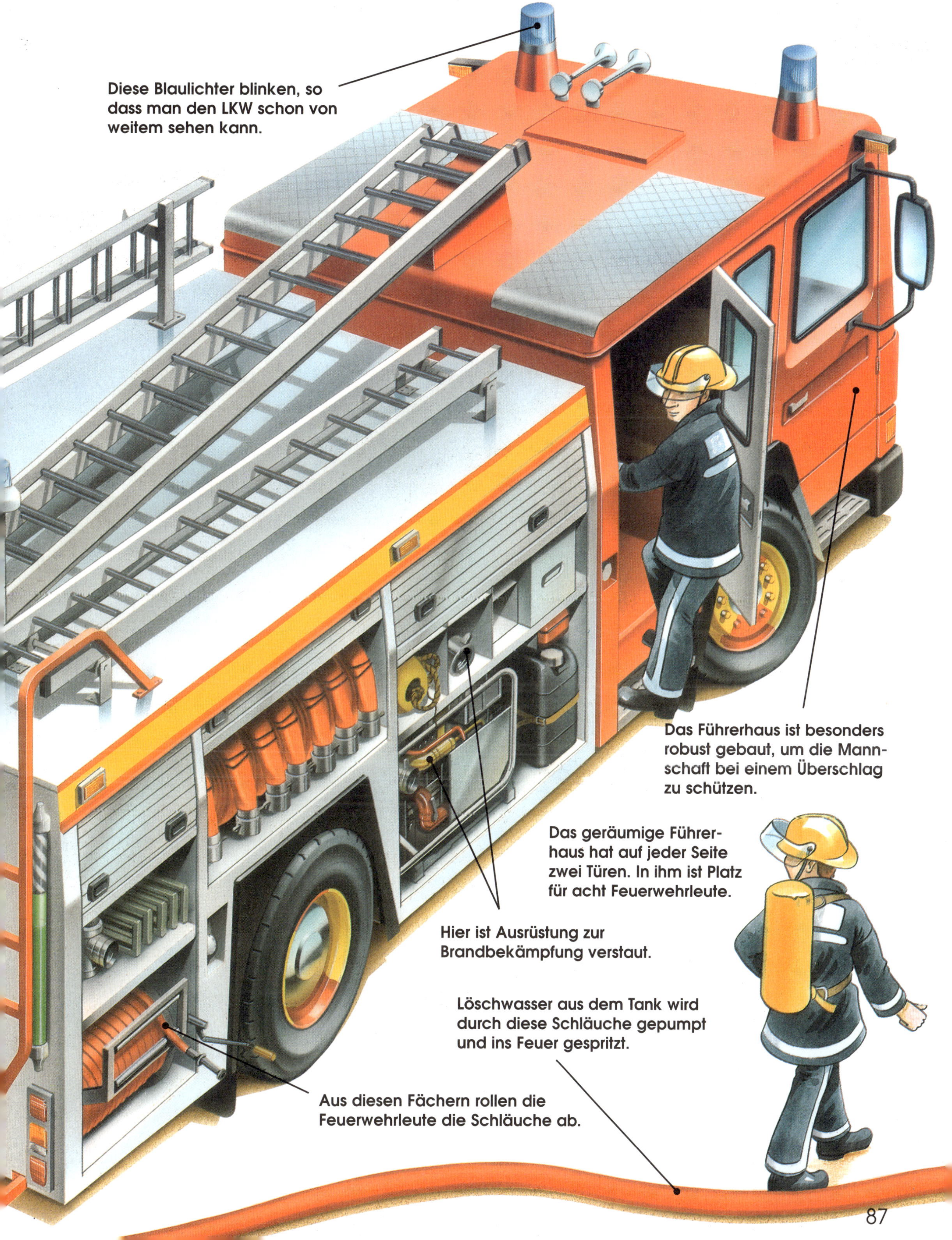
Diese Blaulichter blinken, so dass man den LKW schon von weitem sehen kann.
Das Führerhaus ist besonders robust gebaut, um die Mannschaft bei einem Überschlag zu schützen.
Das geräumige Führerhaus hat auf jeder Seite zwei Türen. In ihm ist Platz für acht Feuerwehrleute.
Hier ist Ausrüstung zur Brandbekämpfung verstaut.
Löschwasser aus dem Tank wird durch diese Schläuche gepumpt und ins Feuer gespritzt.
Aus diesen Fächern rollen die Feuerwehrleute die Schläuche ab.

Schneefräse

Dieser LKW kann sehr hohen Schnee von Straßen räumen, so dass die anderen Verkehrsteilnehmer wieder vorankommen. Dazu fräst er den Schnee von der Fahrbahn und bläst ihn an die Straßenränder.

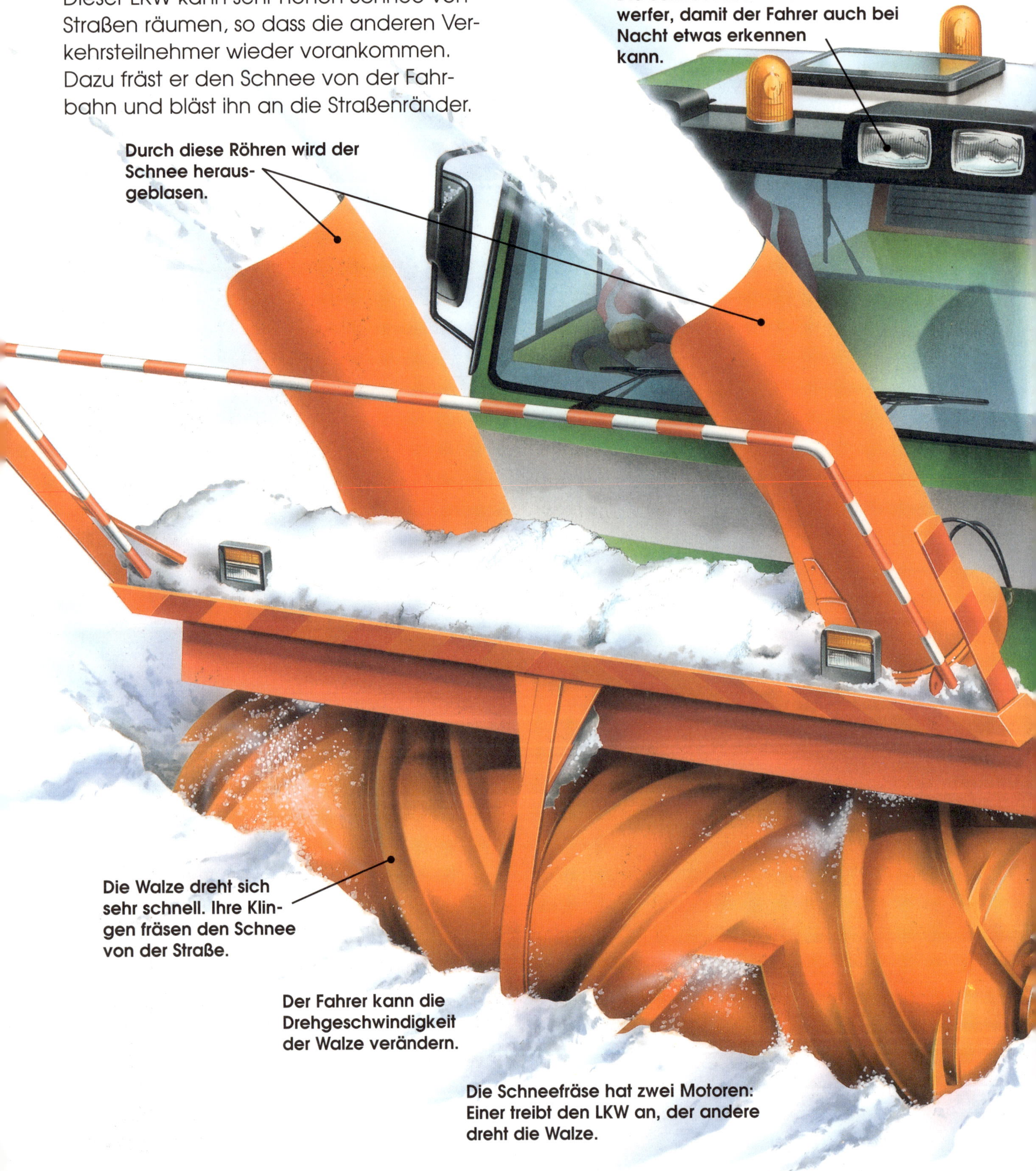

So funktioniert es:

Die Walzenklingen schneiden in den Schnee. Durch die Drehung der Walze wird der Schnee schnell nach oben geschleudert.

Der Schnee fliegt aus den Röhren heraus, während der LKW weiterfährt und weiteren Schnee auffräst.

Der Schneepflug

Ein Schneepflug räumt Schnee, indem er ihn aus dem Weg schiebt. Er hat an seiner Vorderseite einen gekrümmten Schild.

Lastwagen von früher

Heute ist der Beruf des LKW-Fahrers ganz anders als vor etwa 70 Jahren. Die damaligen Lastwagen waren langsamer und nicht so bequem zu fahren. Sie konnten auch deutlich weniger transportieren.

Dampf-Lastwagen

Dieser LKW ist 1925 gebaut worden. Wenn er seinen Anhänger zieht, bewegt er sich nur mit einer Geschwindigkeit von 8 km/h voran, was ungefähr das Tempo eines Joggers ist.

Holprige Fahrt

Frühe Räder waren aus Metall oder Holz. Eine Fahrt mit ihnen war sehr holprig.

Später zog man Reifen aus Vollgummi auf.

Heute sind Reifen mit Luft gefüllt. Dadurch werden Stöße zuverlässig abgefedert.

Lieferwagen

Dieser englische Lastwagen ist in den 1930er-Jahren gebaut worden. Seine Vorderseite sieht ähnlich aus wie die Autos jener Zeit.

Die Fracht wird nur von dieser Plane geschützt.
Dieser LKW transportiert Bananen wie der auf Seite 66. Wenn du die Beiden vergleichst, siehst du, wie unterschiedlich sie sind.
Der Motor befindet sich vor dem Führerhaus unter der Haube (siehe Seite 82).
Die Kisten müssen mit der Hand auf- und abgeladen werden.

Andere Lastwagen

Man kann natürlich noch viele andere Sorten von LKWs sehen. Wie viele verschiedene findest du? Wozu eignen sie sich? Hier sind einige weitere Formen von Lastwagen.

Absetzkipper

Solche Lastwagen transportieren Behälter, meistens für Bauschutt, die sie absetzen und wieder aufnehmen können.

Saug-kehrmaschine

In vielen Ländern kann man solche Fahrzeuge sehen, mit denen Gullys, Rohre oder Straßengräben gereinigt werden. Sie saugen den Dreck durch einen langen Schlauch ein.

Betonmischer mit Pumpe

Dieser Lastwagen transportiert flüssigen Beton in seinem Inneren und kann ihn dorthin pumpen, wo er gebraucht wird.

Kran-LKW

Auf diesem Lastwagen ist ein Kran, mit dem man ihn be- und entladen kann. Der Fahrer steuert den Kran mit Hebeln hinter dem Führerhaus.

Straßenreinigungsmaschine

Dieser LKW kehrt und putzt Straßen. Er ist klein, damit man auch schmale Straßen und Wege damit kehren kann.

Index